難解といわれるRNNとDQNを
理解できる！

涌井良幸　涌井貞美 著

技術評論社

はじめに

　本書は、現代の AI の基礎となる RNN と DQN について、そのしくみに焦点を当て解説した機械学習の入門書です。解説の一助として、マイクロソフト社の Excel を用います。

　2012年、米グーグル社が開発したディープラーニングは YouTube の動画から猫を自動認識しました。そのニュースが流れた頃を境にして、AI（人工知能）がマスコミの話題にならない日はない、といっても過言ではありません。

「AI が仕事を奪う」
「AI がプロ棋士を破る」
「AI による自動運転」
「AI が新薬を作成」
「AI ががんの画像診断を可能にする」

例を挙げれば枚挙にいとまがありません。

　このように革命的な AI を実現した背景には、米グーグル社が開発したディープラーニングがあります。半世紀ほど前から地道に研究が進められてきたニューラルネットに、現代のコンピューターの圧倒的な計算力と、インターネットなどに蓄えられた膨大なデータとを組み合わせて実現したコンピュータープログラムのアイデアです。

　そして、わずか数年のうちに、このディープラーニングは様々な形に進化発展しています。その代表が Recurrent Neural Network（略して RNN）と Deep Q Network（略して DQN）です。前者は「再帰型ニューラルネットワーク」、またはそのままカタカナに置き換えて「リカレントニューラルネットワーク」と訳されています。後者は「深層 Q ネットワーク」と訳されています。多くの AI プログラムの基本アイデアとして現在活用されています。

　さて、ディープラーニングや、その発展形の RNN、DQN は難解という声が聞かれます。確かに、それらの解説書を見ると、難しそうな数式がたくさん並び、

取り付く島がないような印象を受けます。しかし、その理解の困難さは「最適化」と呼ばれる計算部分にあります。RNN、DQNのしくみそのものではありません。面倒な「最適化」の計算を除外し、動作原理だけに着目するなら、RNN、DQNはそれほど理解するのに困難はないのです。

　本書はこの動作原理だけに焦点を当てた、RNNとDQNの入門書です。「最適化」の部分はExcelに任せます。

　Excelにはソルバーと呼ばれる「最適化」の道具が標準的に備えられています。それを用いればRNNとDQNの計算部分をそぎ落とせます。結果として、本質的な動作原理が浮き彫りにされます。

　また、Excelのワークシートは、見ただけで処理の意味がわかります。データの処理の動きが一覧できるからです。本書はこの長所をフルに利用し、RNNとDQNの説明に活用します。

　世界最強のプロ棋士の一人を破った米グーグル社AI開発者のデミス・ハサビス氏は次のように述べています。

　「（AI開発は）正しいはしごを登り始めた」

　ハサビス氏が「正しいはしご」と呼ぶのは、まさにディープラーニングとその応用であるRNNとDQNのことです。本書がそれらの理解の一助になることを希望してやみません。

　AIの発展が話題に上ってからまだ数年です。これからどのような発展があるか楽しみです。そして、しくみさえ理解していれば、AIの発展に貢献し活用する機会が無限に得られるでしょう。

　最後になりましたが、本書の企画から上梓まで一貫してご指導くださった技術評論社の渡邉悦司氏にこの場をお借りして感謝の意を表させていただきます。

2019年春　著者

目次

はじめに 002

1章 RNN、DQNへの準備

§1 はじめてのRNN、DQN 012
▶ 時系列データを扱えるようになった「RNN」 012
▶ 学習するロボットの知能を現実化する「DQN」 014
▶ なぜ、いまAIが開花したのか 015
▶ RNN、DQNをExcelで体験 016

§2 利用するExcel関数は10個あまり 017
▶ 利用する関数 017
▶ TANH関数 018
▶ OFFSET関数 019
▶ MATCH関数 019
▶ 配列数式 020
▶ MMULT関数 023

§3 最適化の計算を不要にしてくれるExcelソルバー 025
▶ ソルバーを使ってみよう 025
▶ ソルバーの求める「最小値」は局所解 027

§4 データ分析には最適化が不可欠 029
▶ 最適化はデータ分析に不可欠 029
▶ 回帰分析とは 030
▶ 具体例で回帰分析の論理を理解 031
▶ 回帰分析がわかればデータ分析がわかる 038

2章 Excelでわかる
ニューラルネットワーク

§1 出発点となるニューロンモデル 040
▶ 生物のニューロンの構造 040
▶ ニューロンの入力処理法 041

	▷ 発火	042
	▷ ニューロンの入出力を数式表現	044
	▷ ニューロンの「発火」を数式表現	045

§2 神経細胞をモデル化した人エニューロン　048

- ▷ ニューロンの働きをまとめると　048
- ▷ 発火の条件を関数で表現　048
- ▷ 人エニューロン　050
- ▷ ニューロンの図を簡略化　050
- ▷ シグモイド関数　051
- ▷ シグモイドニューロン　052
- ▷ シグモイドニューロンをさらに一般化　052
- ▷ 人エニューロンと活性化関数のまとめ　053
- ▷ Excelでニューロンの働きを再現　054
- ▷ 「入力の線形和」の内積表現　055

§3 ニューラルネットワークの考え方　058

- ▷ 入力層の役割　059
- ▷ 隠れ層の役割　060
- ▷ 出力層の役割　061
- ▷ ニューロン1個は知能を持たない！　062
- ▷ 特徴抽出のしくみ　063
- ▷ 出力層の「判定係」はまとめ役　065
- ▷ しくみをまとめると　066
- ▷ 閾値の役割は不要な情報のカット　067
- ▷ 重みと閾値の決め方　068
- ▷ ニューラルネットワークのアイデアのまとめ　069

§4 ニューラルネットワークを式で表現　071

- ▷ 変数名の約束　072
- ▷ ネットワークを式で表現　074
- ▷ ニューラルネットワークの出力の意味　076
- ▷ 正解を変数化　078
- ▷ 平方誤差の式表現　079
- ▷ モデルの最適化　079
- ▷ ニューラルネットワークの目的関数　080

§5 Excelでわかるニューラルネットワーク 083

- ▶ 訓練データの準備 084
- ▶ ニューラルネットワークの考え方に従って関数をセット 085
- ▶ 目的関数を算出 087
- ▶ ニューラルネットワークの最適化 088
- ▶ 最適化されたパラメーターを解釈 090
- ▶ ニューラルネットワークをテストしよう 092

§6 普遍性定理 094

- ▶ 重みと閾値の求め方 096

3章 ExcelでわかるRNN

§1 RNNの考え方 100

- ▶ 具体例で考える 100
- ▶ 従来のニューラルネットワークに適用してみると？ 101
- ▶ ニューラルネットワークに記憶を持たせたRNN 104
- ▶ リカレントニューラルネットワークを表す図 105
- ▶ コンテキストノードの計算 106
- ▶ もう一例を確認 109
- ▶ パラメーターの決め方はニューラルネットワークと同じ 110

§2 リカレントニューラルネットワークを式で表現 112

- ▶ 具体的な課題で考える 112
- ▶ 数式化の準備 113
- ▶ ニューロンの入出力を数式で表現 115
- ▶ 訓練データの準備 116
- ▶ 具体的に式で表してみる 117
- ▶ 最適化のための目的関数を求める 119
- ▶ 最適化は目的関数の最小化 120

§3 Excelでわかるリカレントニューラルネットワーク 121

- ▶ 具体例で考える 121
- ▶ 文字のコード化と言葉の分解 123
- ▶ パラメーターの初期値を設定 124
- ▶ 1文字目の計算の確認 124

目次

▷ 2文字目の計算の確認 ･･････････････････････････････････････ 125
▷ 重みに負の数を許容 ･･････････････････････････････････････ 133
▷ 言葉数を多くして確認 ･･････････････････････････････････ 137

4章 Excelでわかる Q学習

§1 Q学習の考え方 ･･････････････････････････････････････ 140
▷ 強化学習 ･･･ 140
▷ Q学習をアリから理解 ･･････････････････････････････････ 141
▷ 詳しく調べよう ･･ 142
▷ 「匂いの強い方向へ」がアリの基本行動 ･･･････････････ 143
▷ ε-greedy法でアリの冒険心を表現 ･････････････････････ 144
▷ 出口情報の更新 ･･ 146
▷ 学習率 ･･･ 149
▷ アリの行動のまとめ ･･･････････････････････････････････ 151

§2 Q学習を式で表現 ･･･････････････････････････････････ 152
▷ アリから学ぶQ学習の言葉 ･･･････････････････････････ 152
▷ Q値は表のイメージ ･･･････････････････････････････････ 154
▷ Q値の意味 ･･･ 155
▷ Q値の表とアリとの対応 ･･････････････････････････････ 156
▷ Q学習の数式で用いられる記号の意味 ･･･････････････ 157
▷ アリの動作を記号的にまとめると ･･････････････････ 158
▷ 割引率 γ、学習率 α の意味 ･･････････････････････ 162
▷ 修正 ε-greedy法 ･････････････････････････････････ 164
▷ 学習の終了条件 ･･ 165

§3 ExcelでわかるQ学習 ･･････････････････････････････ 166
▷ 課題の確認 ･･ 166
▷ ワークシート作成上の留意点 ･･･････････････････････ 167
▷ ワークシートでQ学習 ･･･････････････････････････････ 170

5章 ExcelでわかるDQN

§1 DQNの考え方 184
- DQNのしくみ 184
- アリから学ぶDQN 186
- DQNの入出力 188
- DQNの目的関数 190
- 最適化ツールとしてソルバー利用 191

§2 ExcelでわかるDQN 193
- 課題の確認 193
- ニューラルネットワークと活性化関数の仮定 194
- Q学習の結果のまとめ 195
- 入力層のデータのコード化 196
- 重みと閾値の初期値を設定 197
- 隠れ層について「入力の線形和」を求める 198
- 隠れ層の出力を求める 199
- 出力層の「入力の線形和」を求める 200
- ニューラルネットワークの目的関数を計算 203
- DQNの最適化 204
- DQNの結果の確認 206
- 適合度を上げるには 207

付録

§A 訓練データ 210
§B ソルバーのインストール法 211
§C リカレントニューラルネットワークを 5文字言葉へ応用 214
- 具体例で考える 214
- 文字のコード化 215
- 3章で調べた方法で処理 216

索引 220

本書の使い方

- 本書は現代のAIの基本となるリカレントニューラルネットワーク（RNN）とディープQネットワーク（DQN）のしくみを、Excelを利用して理解することを目的とします。掲載のワークシートはExcel2013、2106で動作を確かめてあります。

- 本書は前著『Excelでわかるディープラーニング超入門』（技術評論社刊）の続編ですが、前著の知識は前提としていません（ただし、前著の通読はディープラーニングの理解には有効でしょう）。

- 本書はRNNとDQNのしくみがわかることを目的としています。そこで、図を多用し、具体例で解説しています。そのため、厳密性に欠ける箇所があることはご容赦ください。

- わかりやすく表現するため、Excel関数の使い方に冗長なところがあります。ご容赦ください。

- 本書の理解にはExcelの基本的な知識を前提としています。1章で確認しているので、ご利用ください。

- 本書でニューラルネットワークという場合、畳み込みニューラルネットワークなど、広くディープラーニングと呼ばれているものも含めています。

- 関数の簡略化のために、有効桁の配慮はしていません。

- Excelのワークシートはキャプチャーしたものであり、表示されている数字は丸められています。

- ニューラルネットワークネットの世界では、モデルを最適化することを「学習」ということもありますが、本書ではその使い方はしません。Q学習、DQNで使われる「学習」と混乱を避けるためです。

Excel サンプルファイルのダウンロードについて

本文中で使用するExcelのサンプルファイルをダウンロードすることができます。手順は次のとおりです。

❶ 「http://gihyo.jp/book/2019/978-4-297-10516-7/support」にアクセス

❷ 「サンプルファイルのダウンロードは以下をクリックしてください」の下にある「excel_dl_rnn_dqn_s.zip」をクリック

❸ 任意の場所に保存

■ サンプルファイルの内容

項目名	ページ	ファイル名	概要
1章の内容を Excel で体験	P11〜	1.xlsx	基本的な関数とソルバーの使い方を確認します。
2章の内容を Excel で体験	P39〜	2.xlsx	ニューラルネットワークの基本を調べます。
3章の内容を Excel で体験	P99〜	3.xlsx	RNN のしくみを解説します。
4章の内容を Excel で体験	P139〜	4.xlsx	Q学習のしくみを解説します。
5章の内容を Excel で体験	P183〜	5.xlsx	DQN のしくみを解説します。
付録Aの内容を Excel で体験	P210〜	付録A.xlsx	付録Aの内容を解説します。
付録Cの内容を Excel で体験	P214〜	付録C.xlsx	付録Cの内容を解説します。

> **注 意**
> ・ 本書は、Excel2013、Excel2016で執筆しています。他のバージョンでの動作検証はしておりません。
> ・ ダウンロードファイルの内容は、予告なく変更することがあります。
> ・ ファイル内容の変更や改良は自由ですが、サポートは致しておりません。

1章

RNN、DQN への準備

この章では、RNN、DQN について、その位置づけを紹介します。また、本書で用いる Excel の基本を確認します。なお、Excel に親しみのある読者も、▶§1と▶§4だけは軽く目を通してください。特に▶§4の「最適化」は本書の基本になります。

1章　RNN、DQNへの準備

§1 はじめてのRNN、DQN

　2012年、「人が教えることなくAIが自発的に猫を認識」というGoogle発表の
ニュースが世界を駆け巡りました。その頃を契機としてAI、すなわち人工知能
のニュースが「話題にならない日はない」といっても過言ではないでしょう。そ
の猫の認識を可能にした技術がディープラーニングです。

　それから数年がたち、ディープラーニングは様々に進化しています。本書で取
り上げるリカレントニューラルネットワーク（略してRNN）や、深層Qネット
ワーク（略してDQN）も、そのディープラーニングから派生した技術です。そし
て、現在、最も注目を浴びているAIの技術でもあります。

> **注** RNNはRecurrent Neural Networksの頭文字から、DQNはDeep Q−Networkの頭文字か
> ら生まれた略語です。

▶時系列データを扱えるようになった「RNN」

　ディープラーニングは数学的にモデル化したニューロンを幾重にも重ねてネッ
トワークにしたものです。初期のディープラーニングは、複雑なデータ認識はで
きても、時間的な関係は認識できませんでした。猫は認識できても、ネコの動き
を予測することはできなかったのです。リカレントニューラルネットワーク
（RNN）はそれを可能にする技術のひとつです。

　この技術は音声認識の分野で私たちに恩恵を与えてくれています。スマート
フォンに話しかけると、驚くほど正確に文字にしてくれますが、その技術を裏か
ら支えてくれているのです。

§1 はじめてのRNN、DQN

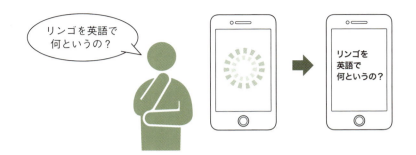

　スマートフォンの音声入力に限らず、現在ではAIスピーカー（スマートスピーカー）と対話したり、ロボットと会話したりできるようになっています。このように機械との対話がスムーズにできるのは、リカレントニューラルネットワーク（RNN）のおかげといっても過言ではありません。将来的には、家電や自動車も音声で指示するのが当たり前になるでしょう。

AIスピーカーはスマートスピーカーともいわれる。自然な会話が可能。

近未来の家電や自動車は対話で操作するのが普通になるといわれる。

　さらにまた、最近の機械翻訳で得られる翻訳文は実に自然になっています。旅先でスマートフォンをかざし、外国人と会話する姿が普通になっています。ここにもリカレントニューラルネットワークのアイデアが活かされています。リカレントニューラルネットワークの技法を発展させることで、言葉のつながりを処理できるようになったからです。

学習するロボットの知能を現実化する「DQN」

　2016年春、世界的なプロ棋士を打ち破ったゲームプログラム「アルファ碁」が大きな話題になりました。2014年、米国グーグルは4億ドルでイギリスのIT企業ディープマインド社を買収しましたが、その会社が開発したアイデアのなせる業です。そのアイデアが**DQN**です。

　機械が自律的に学習することを**機械学習**といいます。DQNは、その機械学習の世界で有名な**Q学習**に、ディープラーニングを合体させた技法です。

　一般的に、碁や将棋などのゲームプログラムや、実用的なロボット制御プログラムは大変複雑です。いくらコンピューターが発達したといっても、その複雑性に真正面から対応することは容易ではありません。しかし、ディープラーニングの手法を適用すると、現在のコンピューター環境でも、その複雑性に対応できるのです。その技法がDQNです。

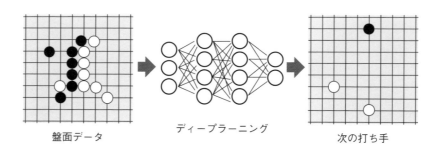

盤面データ　　　ディープラーニング　　　次の打ち手

　Q学習とは動物が学習するしくみをまねた機械学習の1つの方法です。古典的な機械学習の手法で、論理がわかりやすいのが特徴です。しかし、現在でも代表的な手法として多くの分野で活躍しています。そのQ学習にディープラーニングを合体させたDQNは、現在、多くのロボットの制御プログラムに取り入れられています。

§1 はじめてのRNN、DQN

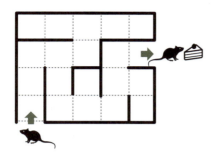

DQNはQ学習を基本としている。Q学習は動物の学習形態をまねした機械学習の1手法。ネズミが迷路学習するしくみも取り入れている。

▶なぜ、いまAIが開花したのか

　20世紀までのAIへのアプローチは、ある意味でまじめでした。整理した知識を教え、それを数学的にAIに処理させようとしたのです。しかし、そのまじめさが仇になり、大きな成果は得られませんでした。人や動物の知能があまりに複雑だからです。

　それに対して、21世紀に入ってからのアプローチは違います。ある意味、いいかげんです。多層からなるニューラルネットワークに膨大なデータを与え、勝手に学習させるというアイデアを用います。そして、それが大きな成功を収めることになったのです。

　これまでのAIモデルは、それを規定するパラメーターをできるだけ少なくし、簡潔化しようと努力しました。コンピューターに負荷をかけ過ぎないためです。それに対して、現代のAIモデルはコンピューターに遠慮はしません。膨大な数のパラメーターを許し、それらを決定するために莫大な計算をコンピューターに課します。

　いいかげんな21世紀のAIアプローチを可能にしたのは、現代技術の発展のおかげです。インターネットの普及で、膨大なデータが容易に入手できるようになりました。おかげで、モデルを構成する何万ものパラメーターが決められます。また、何万ものパラメーターを決めるには莫大な計算を要しますが、それを嫌がらずに実行してくれるコンピューターチップも開発されています。ソフトとハードとが共にそろった現代だからこそ、初めてAIの普及が可能になったのです。

▶RNN、DQNをExcelで体験

　リカレントニューラルネットワーク（RNN）もDQNも、しくみは難しいものではありません。しかし、しくみが簡単でも、その理論に圧倒される人は少なくありません。実現するための数式処理が複雑だからです。

　そこで、数式部分はExcelに任せ、アイデアだけをワークシートの上で見ることにしましょう。ワークシートはアイデアを一覧するには便利な道具です。一つのセルが一つのニューロンを表せるからです。そこでワークシート全体を眺めれば、リカレントニューラルネットワークやDQNがどんな考え方なのかを容易に理解できます。

　人は不思議な動物で、相手の考え方が理解できないとき、恐怖や嫌悪を感じます。しかし、考え方がわかれば親しみを感じます。本書は現代のAIに親しみを持てるような基礎知識を提供することが目標です。そうすることで、過剰な期待や不安を持つことなく、冷静にAIの将来を論じることが可能になるでしょう。21世紀の科学文明を活発に議論できるようになるはずです。

§2 利用するExcel関数は10個あまり

本書は、数学的に面倒な部分をExcelに任せます。そのExcelにおいて、利用する関数はわずかです。すべて有名な関数であり、解説を要しないかもしれませんが、その確認をします。

▶ 利用する関数

本書で利用する主要なExcelの関数は次の10個あまりです。これだけで、ニューラルネットワークやRNN、DQNが構築できます。

関数	意味	よく利用する箇所
IF	数値やコードの大小判定。	汎用関数
SUM	セル範囲の数値の和を計算。	目的関数の算出
SUMPRODUCT	2つの指定した範囲にある数値の積和を計算。	入力の線形和
SUMXMY2	2つの範囲にある数値の差の平方和を計算。	平方誤差の算出
EXP	指数関数の値を計算。	シグモイド関数
TANH	ハイパボリックタンジェント関数。	活性化関数
MAX	与えられた数の中の最大値を求める。	ランプ関数で利用
RAND	0以上1未満の乱数を発生させる。	初期値設定
OFFSET	表の何行何列目に何があるかを求める。	Q値を観測
MATCH	目的の数値や文字が表の何番目のセルに収められているかを調べる。	アクションの選択
SEARCH	文字列の中の指定文字の位置を探索。	文字列の分解
MMULT	行列の掛け算を実行。	重み付き和

以下では、上表のうち、TANH、OFFSET、MATCH、MMULTについて、その意味と使い方を確認します。また、ニューラルネットワークの計算に便利な「配列数式」についても確認します。

1章　RNN、DQNへの準備

注 以下の例のワークシートは、ダウンロードサイト（→10ページ）のサンプルファイル「1.xlsx」にある「TANH」「OFFSET」「MATCH」「配列数式1」「配列数式2」「MMULT」タブに、順に収められています。

▶TANH関数

TANH関数は数学のハイパボリックタンジェント関数tanhを表現します。tanhは次のように定義されます。

$$\tanh(x) = \frac{e^x - e^{-x}}{e^x + e^{-x}}$$

ここで、e^xは自然対数を底にした指数関数です。

関数$\tanh(x)$のグラフを描くと次のようになります。

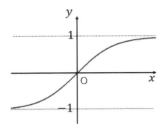

$y = \tanh(x)$のグラフ

例1　$x = 1$について、$\tanh(x)$を求めましょう。

例1の解答例

セルC3：`=TANH(B3)`

	A	B	C	D	E
1		TANHの使い方の例			
2		x	TANH		
3		1	0.761594		

§2　利用するExcel関数は10個あまり

▶OFFSET関数

　表の処理において強力な武器となる関数です。この関数によって、プログラミング言語と同様の処理を、ワークシート上で行うことができます。

　OFFSET関数は次の形式を持ちます。

　　　OFFSET(表の左上端のセル番地，表の行，表の列)

注 ExcelのINDEX関数も、同様な機能を実現します。

　返す値は、表における指定された位置のセル値です。

例2　セルB2を左上端にする表において、2行3列目に位置するセルの値を求めましょう。

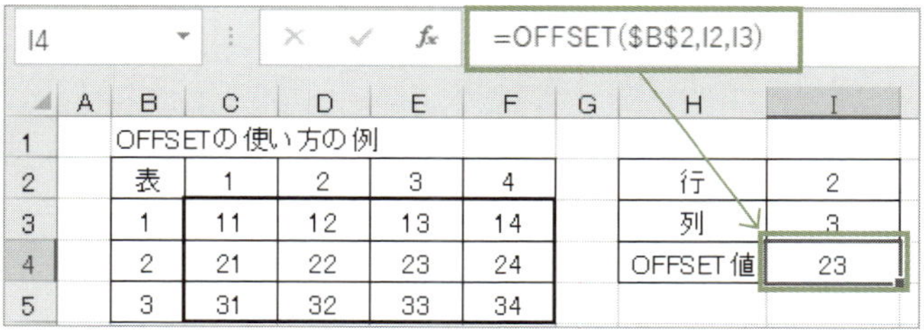

例2の解答例

▶MATCH関数

　表の処理において、OFFSET同様、MATCH関数は不可欠な関数です。MATCH関数を使うことで、表のどの位置に目的の値があるかを調べられます。MATCH関数は次の形式を持ちます。

　　　MATCH(探したい値、表の範囲)

　返す値は、「探したい値」の表先頭からの位置です。ピッタリと一致する値がないときは、その「探したい値」以下の最大の値が納められた値の位置が返されます。

注 MATCHは他にも使い方がありますが、ここでは略します。

019

1章　RNN、DQNへの準備

例3　セル範囲C3：G3において、セルJ2以下の最大の値を持つセルの位置を求めましょう。

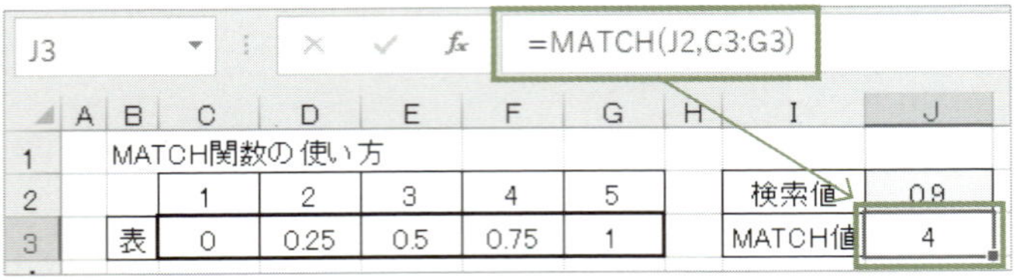

| J3 | | | × | ✓ | *fx* | =MATCH(J2,C3:G3) | | | | |

▲	A	B	C	D	E	F	G	H	I	J
1		MATCH関数の使い方								
2			1	2	3	4	5		検索値	0.9
3		表	0	0.25	0.5	0.75	1		MATCH値	4

　この例では、「探したい値」（＝0.9）にピッタリ一致する値がないので、「探したい値」以下の最大の値が納められた値（＝0.75）の位置4が返されています。

▶ 配列数式

　表のコピーや、表同士の計算、また表の各セルについて一括して式計算をする場合に便利なのが、**配列数式**と呼ばれる計算形式です。

　この計算方法は、ニューラルネットワークのような定型的な計算が頻出する場合に、大変有効です。ニューロンごとの計算ではなく、層ごとの計算が可能になるからです。関数の入力ミスも減らすことができます。

　配列数式の利用法について、簡単な例を調べます。次の2つの行列（すなわち表）の和を考えましょう。

例4　$A = \begin{pmatrix} 2 & 7 \\ 1 & 8 \end{pmatrix}$、$B = \begin{pmatrix} 2 & 8 \\ 1 & 3 \end{pmatrix}$ のとき

$$A + B = \begin{pmatrix} 2+2 & 7+8 \\ 1+1 & 8+3 \end{pmatrix} = \begin{pmatrix} 4 & 15 \\ 2 & 11 \end{pmatrix}$$

　この計算をExcelで実行する際、各成分（すなわちセル）同士を直接計算してもよいでしょう。次の図で確かめてください。

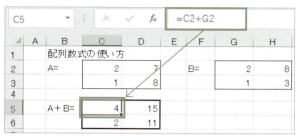

表同士の計算で、成分同士を計算する例。

　しかし、Excelはさらに便利な機能を用意しています。表同士をまとめて計算する配列数式の技法です。配列数式を用いて、上記の例を計算するには次のように行います。

① 計算式を入力する範囲を指定します。その後、キーボードから等号「＝」を入力します。

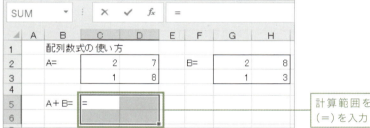

計算範囲を指定し、等号（＝）を入力

② 計算数式の一方の範囲をドラッグして指定します。

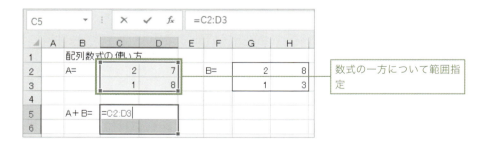

数式の一方について範囲指定

③ 「＋」入力後、計算数式のもう一方の範囲をドラッグして指定します。

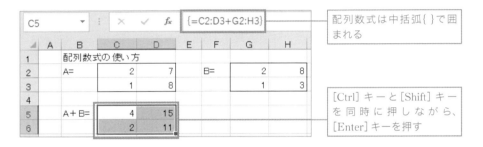

④ 最後に、[Ctrl] キーと [Shift] キーを同時に押しながら、[Enter] キーを押します。これで、配列数式の入力は完了です。

数式バーの中で、配列数式は中括弧｛｝でくくられます。

注 例4 は足し算でしたが、引き算や定数倍も同様に計算できます。

　上記の例は行列（すなわち表）同士の計算でしたが、配列数式はそれに限ったことではありません。表にある数全体に対して、関数をまとめて計算してくれるのです。

　次の例は、表のすべてのセルに対して、**シグモイド関数**の値を求めています。なお、シグモイド関数$\sigma(x)$とは次の関数をいいます。2章以降、活性化関数として活躍します。

$$\sigma(x) = \frac{1}{1+e^{-x}} \cdots \boxed{1}$$

例5 セル範囲C2：D3のすべてのセルについて、シグモイド関数の値を求めましょう。

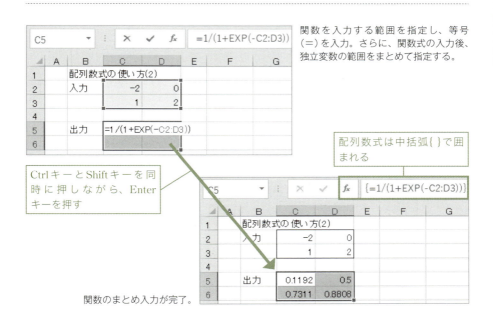

ニューラルネットワークの計算に対して、これは大変ありがたい機能です。1つの層の活性化関数をまとめて計算できるからです。

▶MMULT関数

ニューラルネットワークの計算では、表形式の積の計算がよく用いられます。その際に「積の行列」の計算を覚えておくと便利です。

表同士の計算のことを数学では「行列計算」といいます。先の 例4 も行列計算の例でした。特に、2つの行列A、Bの積ABの行列計算は面倒で、次のように定義されます。

行列Aのi行と行列Bのj列の対応する成分どうしを掛け合わせた数を、

1章　RNN、DQNへの準備

i行j列の成分にした行列が積ABである。

この約束を次の例で確かめてください。

例6　$A = \begin{pmatrix} 2 & 7 \\ 1 & 8 \end{pmatrix}$、$B = \begin{pmatrix} 2 & 8 \\ 1 & 3 \end{pmatrix}$のとき

$$AB = \begin{pmatrix} 2 & 7 \\ 1 & 8 \end{pmatrix}\begin{pmatrix} 2 & 8 \\ 1 & 3 \end{pmatrix} = \begin{pmatrix} 2\cdot2+7\cdot1 & 2\cdot8+7\cdot3 \\ 1\cdot2+8\cdot1 & 1\cdot8+8\cdot3 \end{pmatrix} = \begin{pmatrix} 11 & 37 \\ 10 & 32 \end{pmatrix}$$

$$BA = \begin{pmatrix} 2 & 8 \\ 1 & 3 \end{pmatrix}\begin{pmatrix} 2 & 7 \\ 1 & 8 \end{pmatrix} = \begin{pmatrix} 2\cdot2+8\cdot1 & 2\cdot7+8\cdot8 \\ 1\cdot2+3\cdot1 & 1\cdot7+3\cdot8 \end{pmatrix} = \begin{pmatrix} 12 & 78 \\ 5 & 31 \end{pmatrix}$$

この行列の計算を実行するのが**MMULT関数**です。次の形式を持ちます。

MMULT(行列1、行列2)

例7　例6の計算をMMULT関数で実行しましょう。

この計算式を入力するには配列数式の形式を利用します(前項参照)。

上記の例6の計算をしているワークシート。配列数式として入力していることに注意。

024

§3 最適化の計算を不要にしてくれるExcelソルバー

データ分析の際、そのデータを説明するためには数学的モデルを作成します。そのモデルはいくつかのパラメーターで規定されます。そのパラメーターを、モデルがデータにできるだけ合致するように定めることを**最適化**といいます。ソルバーはExcelが用意したアドインで、その最適化の問題を労せずして解決してくれます。

注 ソルバーはExcelのアドインであり、初期状態ではインストールされていない場合があります。その際には、付録Bを参照してください。

▶ ソルバーを使ってみよう

例題を用いて、Excelソルバーの利用法を調べます。

> **例題** 関数 $y = 3x^2 + 1$ の最小値と、それを実現する x の値をExcelソルバーで求めましょう。

注 本例題のワークシートは、ダウンロードサイト（→10ページ）のサンプルファイル「1.xlsx」にある「ソルバー」タブに収められています。

解 答は「$x = 0$ のとき、y の最小値は1」ですが、それがソルバーを用いて得られることをステップを追って確認します。

① **関数式を入力します。そして、x に適当な初期値を設定しておきます（ここでは5を入れましたが、それに意味があるわけではありません）。**

1章　RNN、DQNへの準備

② 「データ」リボンにある「ソルバー」メニューを選択し、ソルバーを起動します。

注　ソルバーがインストールされていないと、次のメニューはありません（→付録B）。

下図の設定ボックスが現れるので、次のように設定します。

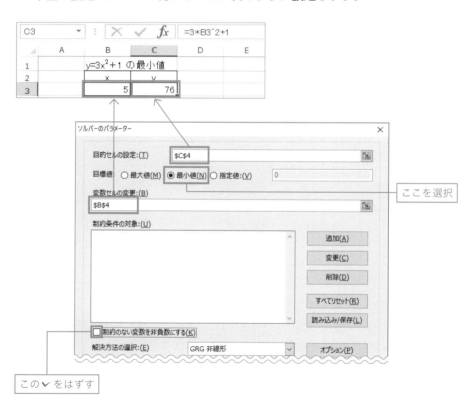

③ ソルバーの設定ボックスにある「解決」ボタンをクリックします。求めたい最小値1と、それを実現する $x = 0$ の値が算出されます。

ソルバーの計算結果

なお、ソルバーの計算は常に成功するとは限りません。成功時には下記のメッセージが表示されるので、必ず確認しましょう。

▶ ソルバーの求める「最小値」は局所解

関数 $y = f(x)$ のグラフが次図のようであったとしましょう。このとき、図に示した点Aの x 座標を初期値として与えると、ソルバーは**極小値**を求めてしまいます。ソルバーは少しずつ変数を変えながら小さい値を探していくからです。このような解を**局所解**といいます。

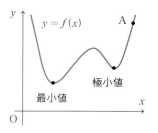

極小値と最小値の違い

　ソルバーを利用するときに、この局所解の存在には十分注意が肝要です。特にニューラルネットワークのように、パラメーターが多くあるモデルでは、いつもこの問題に遭遇します。回避するには初期値を色々と変化させる努力が必要です。

§4 データ分析には最適化が不可欠

データ分析のほとんどは**最適化問題**と呼ばれる問題に帰着します。前節(▶§3)でも述べたように、最適化とは理論の提示するモデルと現実のデータとの違いが最小になるように、モデルに含まれるパラメーターを決定することです。本書で調べているディープラーニング、リカレントニューラルネットワーク、DQNも最後は最適化問題となります。

本節では「回帰分析」という最適化問題の古典を通して、この問題の意味と解法について調べましょう。

▶最適化はデータ分析に不可欠

データ分析では、まず数学的なモデルを作成します。このモデルはデータを収めるための変数と構造を決めるための**パラメーター**がセットになっています。このパラメーター部分を決めるのが、前節にも述べた**最適化**と呼ばれる数学的技法です。

さらに具体的に表現しましょう。数学的なモデルから算出される値は、実データと誤差があるのが普通です。その誤差を全体として最小化するようパラメーターを決めるのが最適化問題なのです。

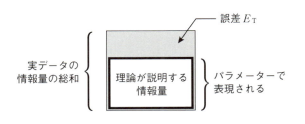

理論と実際の誤差の総量 E_T を最小化するようにパラメーターを決めるのが最適化。

1章　RNN、DQNへの準備

すでに述べたように、ニューラルネットワークや、その応用のRNN、DQNの決定問題は、数学的にいえば、最適化問題の1つです。

さて、この最適化問題を理解するのに最もわかりやすい例が**回帰分析**です。この分析法を理解すれば、ニューラルネットワークや、その応用のRNN、DQNに関するパラメーター決定問題、すなわち最適化問題がすぐに理解できるようになります。

▶回帰分析とは

複数の変数からなる資料において、特定の1変数に着目し、それを他の変数で説明する手法を**回帰分析**といいます。回帰分析にはいろいろな種類がありますが、考え方を知るために最も簡単な「線形の単回帰分析」と呼ばれる分析法を調べましょう。

注 回帰分析は機械学習の1つの「教師あり学習」で最も有名なテーマです。

「線形の単回帰分析」は2つの変数からなる資料を対象にします。いま、次のように2変数x、yの資料とその相関図が与えられているとします。

個体名	x	y
1	x_1	y_1
2	x_2	y_2
3	x_3	y_3
⋮	⋮	⋮
n	x_n	y_n

資料

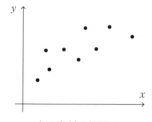

左の資料の相関図

「線形の単回帰分析」は、この相関図上の点列を直線で代表させ、その直線の式で2変数の関係を調べる分析術です。点列を代表するこの直線を**回帰直線**と呼びます。

回帰直線は次のように1次式で表現されます。

$$y = px + q \quad (p、qは定数) \cdots \boxed{1}$$

これを**回帰方程式**と呼びます。

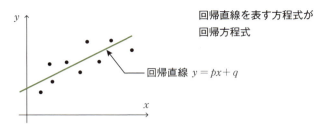

x、yはデータの実際の値を入れるための変数で、右辺のxを**説明変数**、左辺のyを**目的変数**といいます。定数p、qがこの回帰分析モデルを定めるパラメーターです。

注 pを回帰係数、qを切片と呼びます。

▶具体例で回帰分析の論理を理解

次の具体例を通して、回帰方程式 1 をどのように決定するか見てみましょう。その決定法は後に調べるニューラルネットワークやリカレントニューラルネットワークの決定法と同一です。

> 例題 次の資料は高校3年生の女子生徒7人の身長と体重の資料です。この資料から、体重yを目的変数、身長xを説明変数とする回帰方程式 $y = px + q$（p、qは定数）を求めましょう。

生徒7人の身長と体重の資料

番号	身長x	体重y
1	153.3	45.5
2	164.9	56.0
3	168.1	55.0
4	151.5	52.8
5	157.8	55.6
6	156.7	50.8
7	161.1	56.4

1章 RNN、DQNへの準備

注 本例題のワークシートは、ダウンロードサイト（→10ページ）のサンプルファイル「1.xlsx」にある「回帰分析（最適化前）」「回帰分析（最適化済）」タブに収められています。

解 求める回帰方程式を次のように置きます。

$$y = px + q \quad (p, q \text{は定数}) \cdots \boxed{1} \text{（再掲）}$$

k番の生徒の身長をx_k、体重をy_kと表記しましょう。すると、この生徒に対して、回帰方程式が予測する体重（**予測値**といいます）は次のように求められます。

予測値：$px_k + q$

この予測値を表に示しましょう。

番号	身長 x	体重 y	予測値 $px+q$
1	153.3	45.5	$153.3p+q$
2	164.9	56.0	$164.9p+q$
3	168.1	55.0	$168.1p+q$
4	151.5	52.8	$151.5p+q$
5	157.8	55.6	$157.8p+q$
6	156.7	50.8	$156.7p+q$
7	161.1	56.4	$161.1p+q$

体重yの実測値と予測値
最適化を考える際、実測値と予測値の違いを理解しておくことは大切。

実際の体重y_kと予測値との誤差は次のように算出されます。

$$k\text{番目の誤差} = y_k - (px_k + q) \cdots \boxed{2}$$

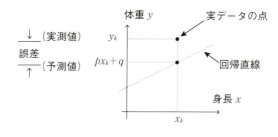

$\boxed{1}\boxed{2}$の関係を図示
k番の生徒のx_k、y_kと誤差の関係図。

§4 データ分析には最適化が不可欠

式$\boxed{2}$で得られる誤差は正にも負にもなり、データ全体で加え合わせると相殺され0になってしまいます。そこで、次の値e_kを考えます。これを資料k番目の**平方誤差**と呼びます。

$$k\text{番目の平方誤差} \, e_k = (k\text{番目の誤差})^2 = \{y_k - (px_k + q)\}^2 \, \cdots \, \boxed{3}$$

注 eはerrorの頭文字。なお、文献によって式$\boxed{3}$には様々な定数係数が付きますが、結論は同一になります。

この平方誤差をデータ全体で加え合わせてみましょう。それはデータ全体の「誤差の総和」です。それをE_{T}とすると、次のように式で表せます(添え字のTはtotalの頭文字)。

$$E_{\mathrm{T}} = e_1 + e_2 + \cdots + e_7 \, \cdots \, \boxed{4}$$

データを式$\boxed{3}$、$\boxed{4}$に代入すると、誤差の総和E_{T}はp、qの式で次のように表せます。

$$\begin{aligned} E_{\mathrm{T}} = \{45.5 - (153.3p + q)\}^2 + \{56.0 - (164.9p + q)\}^2 \\ + \cdots + \{56.4 - (161.1p + q)\}^2 \end{aligned} \, \cdots \, \boxed{5}$$

この誤差の総和$\boxed{5}$(すなわち式$\boxed{4}$)を**目的関数**といいます。最適化の目的となる関数だからです。

注意すべきことは、この関数がパラメーターp、qの関数になっていることです。データの入る変数x、yに対してp、qは定数でしたが、最適化の際には変数になるのです。

さて、目標はこのパラメーターp、qの決定です。回帰分析では

「目的関数$\boxed{5}$が最小になるp、qが解となる」

と考えます。目的関数は誤差の総和であり、それが最小であることは良いモデルと考えられるからです。これがパラメーターp、qの決定の原理です。そして、これが最初に述べた「最適化問題」なのです。そして、このようなp、qを見つけることを**最適化する**というのです。

033

1章　RNN、DQNへの準備

　以上の考え方がわかれば、後は簡単です。Excelに備えられたソルバーで目的関数$\boxed{5}$が最小になるパラメーターp、qを探せばよいからです。

> **MEMO　目的関数の表現**
>
> 　ニューラルネットワークの世界では、誤差を式$\boxed{3}$のように平方値で定義し、その総和の式$\boxed{4}$を目的関数とするのが普通です。そして、その目的関数を最小にするようにパラメーターを決定します。これを**最小2乗法**と呼びます。
> 　一般的には、目的関数として式$\boxed{3}$、$\boxed{4}$の形にとらわれる必要はありません。統計学では、これを一般化した様々な形が利用されています。そうすることで、モデルの異なる評価が可能になるからです。

　以下に、ステップを追って回帰分析のための最適化を実行してみましょう。

① パラメーターp、qの初期値を設定し、回帰方程式$\boxed{1}$を用いて体重yの予測値$\boxed{2}$を計算します。

E7		f_x	=$C$3*C7+$C$4		
	A	B	C	D	E	F

	A	B	C	D	E	F
1		単回帰分析				
2						
3		p	1			
4		q	1			
5						
6		番号	身長x	体重y	予測値	平方誤差
7		1	153.3	45.5	154.3	
8		2	164.9	56.0	165.9	
9		3	168.1	55.0	169.1	
10		4	151.5	52.8	152.5	
11		5	157.8	55.6	158.8	
12		6	156.7	50.8	157.7	
13		7	161.1	56.4	162.1	

仮のパラメーターp、qとして各々1を入力。それを用いて式$\boxed{2}$からyを算出

　なお、コンピューターで最適化問題を解くとき、この初期値の設定が大切になります。▶§3でも触れたように、求めた解が局所解である心配があるからです。様々な初期値を試みて、目的関数が0に一番近いものを採用することになります。

034

② 式3から、各女子生徒について平方誤差を算出します。

F7				f_x	=(D7-E7)^2	
	A	B	C	D	E	F
1		単回帰分析				
2						
3		p	1			
4		q	1			
5						
6		番号	身長x	体重y	予測値	平方誤差
7		1	153.3	45.5	154.3	11837.4
8		2	164.9	56.0	165.9	12078.0
9		3	168.1	55.0	169.1	13018.8
10		4	151.5	52.8	152.5	9940.1
11		5	157.8	55.6	158.8	10650.2
12		6	156.7	50.8	157.7	11427.6
13		7	161.1	56.4	162.1	11172.5

式4から平方誤差を算出

③ 平方誤差の総和E_TをSUM関数で算出します（→式3 5）。

④ ソルバーを起動し、E_T の入ったセルを「目的セル」に、仮の値の入った p、q のセルを「変数セル」に下図のように設定します。

⑤ ソルバーを実行すると、下図のようにパラメーター p、q の値と平方誤差の総和 E_T の値が得られます。

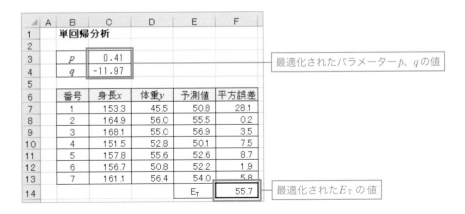

こうして、回帰係数と切片 p、q の値が得られました。

$p = 0.41$、$q = -11.97$ … ⑥

また、回帰方程式は次のように表せます。

$y = 0.41x - 11.97$ … ⑦

以上が 例題 の解答です。これを利用して、データの散布図と回帰直線の関係を図示しましょう。点と直線とはほぼ重なっていることが確かめられます。

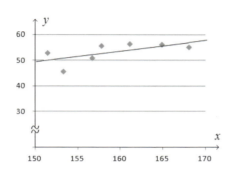

例題の解となる回帰直線

注意すべきことは、平方誤差の総和である目的関数 E_T の値が0にならないことです。それは回帰直線が散布図にプロットされたすべての点を通らないことから明らかです。データとそれを説明するための回帰方程式とのせめぎ合いの中で、ぎりぎりの妥協値を⑥の p、q は表しているのです。

注 以上の回帰方程式の求め方は、最適化の解説のためです。通常 Excel で回帰方程式を求めるには、もっと簡単な方法がいくつもあります。

以上で求めた回帰方程式を利用してみましょう。

例 例題 で得られた回帰方程式を利用して、身長170cmの女子生徒の体重を予測してみましょう。

方程式⑦から、この女子生徒の体重は次のように予測されます。

予測体重 $y = 0.41 \times 170 - 11.97 = 57.6$ kg 答

▶回帰分析がわかればデータ分析がわかる

　以上が線形の単回帰分析で用いられる回帰方程式の決定法です。大切なことは、これがデータ分析の典型例であり、「最適化問題」の解法のアイデアそのものである、ということです。ここで調べた最適化の方法は後のニューラルネットワークの計算にそのまま活かされます。

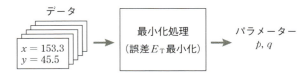

回帰分析は数学のデータ分析の典型例。分析モデルのパラメーター p, q がどのように決定されるかを確認しよう。

MEMO 目的関数の呼び名いろいろ

　モデルから算出されるデータの予測値と、実際のデータとの誤差の総和が目的関数です（式 4 ）。ところで、最適化問題の利用される分野によって、この関数にはいくつかの異なる名称が付けられています。例えば、**損失関数**、**誤差関数**などの名が与えられています。

2章

Excelでわかる
ニューラルネットワーク

ディープラーニング、リカレントニューラルネットワーク
(RNN)、そして深層Qネットワーク(DQN)は、いずれも
ニューラルネットワークの応用です。そこで、この章では、
ニューラルネットワークのしくみを確認しましょう。

(注)本書では、ニューラルネットワークという言葉を、ディープ
ラーニングを含む広い意味で利用しています。

§1 出発点となるニューロンモデル

　ディープラーニングを実現するニューラルネットワークは、人工ニューロンが層状につながったネットワークです。その人工ニューロンは動物の神経細胞の働きをまねて単純化したものです。本節ではその神経細胞の働きを調べましょう。

▶生物のニューロンの構造

　動物の脳の中には多数の神経細胞（すなわち**ニューロン**）が存在し、互いに結びついてネットワークを形作っています。すなわち、1つのニューロンは他のニューロンから信号を受け取り、また他のニューロンへ信号を送り出しています。脳はこのネットワーク上の信号の流れによって様々な情報を処理しているのです。

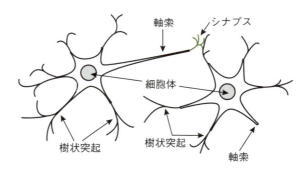

ニューロン（神経細胞）の模式図
神経細胞は、主なものとして細胞体、軸索、樹状突起からなる。樹状突起は他のニューロンから情報を受け取る突起であり、軸索は他のニューロンに情報を送り出す突起である。樹状突起が受け取った電気信号は細胞体で処理され、出力装置である軸索を通って、次の神経細胞に伝達される。ちなみに、ニューロンはシナプスを介して結合し、ネットワークを形作っている。

§1 出発点となるニューロンモデル

　ニューロンが情報を伝えるしくみを、もう少し詳しく見てみましょう。先の図に示すように、ニューロンは細胞体、樹状突起、軸索の3つの主要な部分から構成されています。他のニューロンからの信号（入力信号）は樹状突起を介して細胞体（すなわちニューロン本体）に伝わります。細胞体は受け取った信号（入力信号）の大小を判定し、隣のニューロンに信号（出力信号）を伝えます。こんな単純な構造からどうやって「知能」が生まれるのかは大変不思議です。

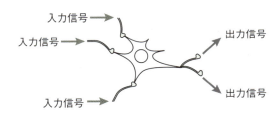

ニューロンが隣から受け取る信号が入力信号、ニューロンが隣に伝える信号が出力信号。

▶ ニューロンの入力処理法

　ニューロンは入力信号の大小を判定し、隣に出力信号を伝えるといいましたが、どのように入力信号の大小を判定し、どのように伝えるのでしょうか？
　大切なことは、複数のニューロンから受け取る場合、入力信号はその渡されるニューロンごとに扱いが異なるという点です。いま、下図のようにニューロン1～3からニューロンAが信号を受け取るとしましょう。このとき、ニューロンAはニューロン1～3からの信号の和を求めるのですが、その和は**重み付き和**になるのです。すなわち、各ニューロンからの信号に**重み**（weight）を付けるのです。

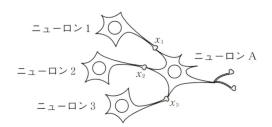

ニューロンAはニューロン1～3から受け取る信号 x_1、x_2、x_3 に重みを付けて処理する。

例えば、ニューロン1からの信号には「重み」3を、ニューロン2からの信号には「重み」1を、ニューロン3からの信号には「重み」4を付けるとします。この図のように、ニューロン1〜3からの信号をx_1、x_2、x_3とすると、ニューロンAの受け取る信号和は、次のように**重み付き和**として表せることになります。

重み付き和 $= 3 \times x_1 + 1 \times x_2 + 4 \times x_3 \cdots$ [1]

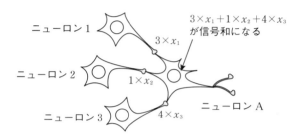

ニューロンは隣から受け取る信号を単純に加算するのではなく、重み付けをして加算する（図の重みの3、1、4はひとつの例）。

この重みを付けて信号を処理するというしくみこそがニューロンに知性を生じさせる源と考えられます。後に調べるニューラルネットワークでは、この重みをどのように決めるかが重要な問題になります。

▶発火

重み付き和[1]を入力として受け取ったニューロンは、それをどのように処理するかを調べましょう。

複数のニューロンから得た入力の重み付き和が小さく、そのニューロン固有のある境界値（これを**閾値**と呼びます）を超えなければ、そのニューロンの細胞体は受け取った信号を無視し、何も反応しません。

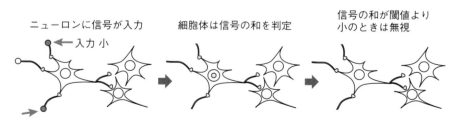

重み付き和[1]の値が小さいとき、ニューロンはそれを無視。

§1 出発点となるニューロンモデル

　複数のニューロンから得た重み付き和が大きく、そのニューロン固有のある境界値（すなわち閾値）を超えたとしましょう。このとき、細胞体は強く反応し、軸索をつなげている他のニューロンに信号を伝えます。このようにニューロンが反応することを**発火**といいます。

重み付き和①の値が大きいとき、ニューロンは発火。

　さて、発火したときのニューロンの出力信号はどのようなものでしょうか？　面白いことに、それは一定の大きさなのです。たとえ重み付き和①の値が大きくても、出力信号の値は一定なのです。また、該当ニューロンが複数の隣のニューロンへ軸索をつなげていても、隣の各ニューロンに渡す出力信号の値は一定なのです。

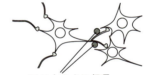

発火したニューロンは軸索でつながったすべてのニューロンに同じ大きさの信号を伝える。

> **MEMO　閾値の生物的役割**
>
> 　閾値は小さな入力（すなわち信号）を無視するという働きをします。この「小さい信号を無視する」という性質は、生命にとって大切なことです。それがないと、ちょっとした信号の揺らぎにニューロンは興奮することになります。神経系は「情緒不安定」になってしまうのです。閾値はそのニューロンの敏感度の調整指数なのです。

　さらに面白いことは、この発火によって出力された信号の値はどのニューロンも共通していることです。ニューロンの場所や役割が違っても、その値は共通しているのです。現代的に言うと、「発火」で生まれる出力情報は0か1で表せる**デジタル信号**として表現できるのです。

▶ ニューロンの入出力を数式表現

以上で調べたニューロンのしくみを整理してみましょう。

《ⅰ》複数のニューロンからの重み付き和の信号がニューロンの入力になる。
《ⅱ》その和の信号がニューロン固有の値（閾値）を超えると発火する。
《ⅲ》ニューロンの出力信号は発火の有無を表す0と1のデジタル信号で表現できる。

このように整理すると、ニューロンの発火のしくみを数学的に簡単に表現できることがわかります。

まず入力信号を数式で表現してみましょう。しくみ《ⅲ》から、隣のニューロンから受け取る入力信号は「あり」「なし」の2情報で表せます。そこで、入力信号を変数xで表すとき、xは次のように表現できることになります。

$$\begin{cases} 入力信号なし : x = 0 \\ 入力信号あり : x = 1 \end{cases}$$

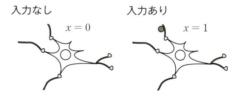

ニューロンへの入力信号は、デジタル的に$x=0、1$で表現される。

ただし、知覚細胞から直接つながるニューロンはこの限りではありません。例えば視覚でいうと、網膜上の視細胞に直接つながるニューロンは色々な値の信号を受け取ります。入力信号は感知した信号の大きさに比例したアナログ信号になるからです。

知覚神経に直接つながる神経細胞（ニューロン）の受け取る信号xはアナログ的。

次に出力信号を数式で表現してみましょう。再びしくみ《ⅲ》から、出力信号も発火の有無、すなわち、

「あり」「なし」の2情報で表せます。そこで、出力信号を変数yで表すとき、yは次のように表現できます。

$$\begin{cases} 出力信号なし: y = 0 \\ 出力信号あり: y = 1 \end{cases}$$

出力なし（発火なし）　　出力あり（発火あり）

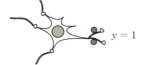

ニューロンの出力信号は、デジタル的に$y = 0、1$で表現される。この図では出力先が2つあるが、出力信号の大きさは同じ。

▶ニューロンの「発火」を数式表現

最後に、「発火の判定」を数式で表現してみましょう。

以下で調べる具体的なニューロン

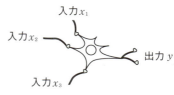

具体例として、左隣の3つのニューロンからの入力信号を受け取り、右隣の2つのニューロンに出力信号を渡すニューロンについて調べます。

しくみ《ⅰ》《ⅱ》から、ニューロンの発火の有無は他のニューロンからの入力信号の和（すなわち重み付き和）で判定されます。数学的にいうと、入力信号を各々x_1、x_2、x_3で表し、その各々に付く重みを順にw_1、w_2、w_3とするとき、処理される入力信号の和（重み付き和）は次のように表現できます。

$$重み付き和 = w_1 x_1 + w_2 x_2 + w_3 x_3 \quad \cdots \boxed{2}$$

注 これは先の式$\boxed{1}$を一般化した式です。なお、「重み」は**結合荷重**、**結合負荷**、**結合係数**とも呼ばれます。

2章 Excelでわかるニューラルネットワーク

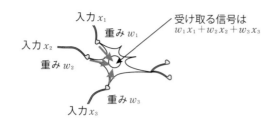

他のニューロンからの入力信号 x_1、x_2、x_3 に対して、該当ニューロンは重み w_1、w_2、w_3 を掛けて入力信号としている。それが ②。

さて、しくみ《ⅱ》から、受け取る信号和が閾値を超えるとニューロンは発火し、閾値を越えなければ発火しません。すると、「発火の判定」は式②を利用して、次のように表現できます。θはニューロン固有の閾値です。

$$\left.\begin{array}{l}発火なし（y=0）：w_1x_1 + w_2x_2 + w_3x_3 < \theta \\ 発火あり（y=1）：w_1x_1 + w_2x_2 + w_3x_3 \geq \theta\end{array}\right\} \cdots \boxed{3}$$

これがニューロン発火の数学的表現です。大変シンプルにまとめられます。こんな簡単な条件式③で活動が表現されるニューロンが、どうして複雑な判断ができるのか、それを調べるのが本章のミッションになります。

注 「閾」は英語でthreshold。そこで、この値を示すのに頭文字tに対応するギリシャ文字θがよく利用されます。

なお、式③の下の式の不等号には記号「＝」が付いています。この記号「＝」が式③の上の式に付いている文献もあります。本書ではこれ以上式③については深く触れないので、問題になることはありません。

例1 2つの入力 x_1、x_2 を持つニューロンを考えます。入力 x_1、x_2 に対する重みを順に w_1、w_2 とし、そのニューロンの閾値をθとします。
いま、w_1、w_2、θ の値が順に2、3、4と与えられたとき、重み付き和

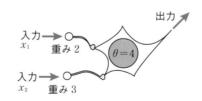

$w_1 x_1 + w_2 x_2$

の値とニューロンの発火の有無、そしてニューロンの出力を求めましょう。

例1 の答を表にしてみましょう。出力は0と1のどちらかであることに留意してください。

入力 x_1	入力 x_2	重み付き和 $w_1 x_1 + w_2 x_2$	発火	出力
0	0	$2 \times 0 + 3 \times 0 = 0 \ (<4)$	なし	0
0	1	$2 \times 0 + 3 \times 1 = 3 \ (<4)$	なし	0
1	0	$2 \times 1 + 3 \times 0 = 2 \ (<4)$	なし	0
1	1	$2 \times 1 + 3 \times 1 = 5 \ (>4)$	あり	1

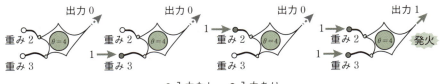

○ 入力なし　● 入力あり

> **MEMO　重み、閾値に負は存在しない**
>
> 以上の説明からわかるように、生命の世界で考える限り、重みと閾値は0以上の値しかとりません。負の数はないのです。しかし、生命から離れ、数学的な抽象モデルの世界で考えるときには、負も許容します。その方が、モデルが現実にフィットすることが多いからです。

§2 神経細胞をモデル化した人工ニューロン

前節（▶§1）では、動物のニューロン（神経細胞）の働きを条件式で表現しました。その条件式を関数で表現すると、ニューロンの働きがさらに整理されます。そして、「人工ニューロン」へと進化します。

▶ニューロンの働きをまとめると

前節（▶§1）ではニューロンの働きを簡単な数式に置き換えました。ニューロンへの入力を x_1、x_2、x_3 とし、それらに対する重みを順に w_1、w_2、w_3 とするとき、発火の条件式は次のように表せることを調べたのです。

$$\left. \begin{array}{l} 発火なし：w_1x_1 + w_2x_2 + w_3x_3 < \theta \\ 発火あり：w_1x_1 + w_2x_2 + w_3x_3 \geq \theta \end{array} \right\} \cdots \boxed{1}$$

ここで、左辺は「重み付き和」、θ はニューロン固有の値で「閾値」と呼ばれます。

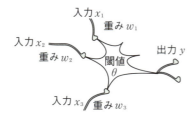

重み付き和 $w_1x_1 + w_2x_2 + w_3x_3$ と θ との大小関係で発火するか否かが決まる。

▶発火の条件を関数で表現

発火の条件 $\boxed{1}$ を関数で表現してみましょう。そのために発火の条件 $\boxed{1}$ を視覚的に表現してみます。ニューロンへの入力の「重み付き和」を横軸に、ニューロ

ンの出力yを縦軸にとると、発火の条件1は次のようにグラフ化できます。なお、出力yは発火のとき1、発火しないときは0となる尺度を採用しています。

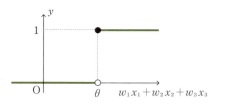

発火の条件のグラフ化

横軸は重み付き和
$w_1x_1 + w_2x_2 + w_3x_3$
を表す。

このグラフを関数として表現しましょう。このとき役立つのが次の**ステップ関数**$u(x)$です。

$$u(x) = \begin{cases} 0 & (x < 0) \\ 1 & (x \geq 0) \end{cases} \cdots \boxed{2}$$

ステップ関数のグラフは次のように描けます。

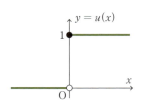

ステップ関数 $y = u(x)$

このステップ関数$u(x)$を利用すると、発火の条件1は次のように簡単に1つの式で表現できます。今後の発展の契機となる大切な式です。

発火の式：$y = u(w_1x_1 + w_2x_2 + w_3x_3 - \theta) \cdots \boxed{3}$

関数uの引数$w_1x_1 + w_2x_2 + w_3x_3 - \theta$を、これからは**入力の線形和**と呼び、ローマ字sで表すことにします。

注　sはSUM（和）の頭文字。

この式3が条件式1と同一であることを次の表で確かめてください。

$w_1x_1+w_2x_2+w_3x_3$ （重み付き和）	$w_1x_1+w_2x_2+w_3x_3-\theta$ （入力の線形和）	$y=u(x)$	意味
θ より小	負	0	発火なし
θ 以上	0以上	1	発火あり

人工ニューロン

　数学的に整理すると、ニューロンの働きは1つの簡単な関数式 3 で表されることがわかりました。そこで、このように単純化されたニューロンの機能をコンピューター上で実現してみたくなります。それが人工ニューロンです。**人工ニューロン**とは式 3 を用いてコンピューター上で動作する仮想的なニューロンなのです。

注　人工ニューロンは歴史的に**形式ニューロン**と呼ぶ文献もあります。なお、次節以降は人工ニューロンのことを単に「ニューロン」と略記します。

　人工ニューロンを考えるとき、発火の条件式 3 を表現する関数 $u(x)$ を**活性化関数**（activation function）と呼びます。また、**伝達関数**（transfer function）とも呼ばれます。本書では、前者の「活性化関数」を用いることにします。

ニューロンの図を簡略化

　これまではニューロンを下図のように表現してきました。少しでもニューロンのイメージに近づけたいためです。

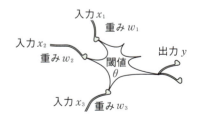

ニューロンのイメージ（入力が3つ、出力が2つの場合）。軸索から出力先が2つに分岐しているが、出力は同一。

しかし、人工ニューロンを考え、それをネットワーク状にたくさん描きたいときには、この図は不向きです。そこで、次のように簡略化した図を用います。こうすれば、たくさんのニューロンを描くのが容易です。

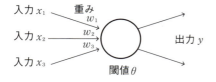

ニューロンの略式図。矢の向きで入出力を区別。ニューロンへの出力として2本の矢が出ているが、その値yは同一。

▶シグモイド関数

ステップ関数 2 を用いた人工ニューロンの長所は、動物の神経細胞に忠実なモデルということです。しかし、ステップ関数は滑らかでないという欠点があります。人類の発明した最大の数学の武器の1つである微分法のアイデアが使えないのです。

そこで、このステップ関数に似た、しかも滑らかな関数を考えましょう。それが**シグモイド関数**です。次のように定義されます。

$$\sigma(x) = \frac{1}{1+e^{-x}} \quad \cdots \boxed{4}$$

注 ▶1章§2で調べたように、e^x は自然対数を底にした指数関数。Excelでは EXP(x) と表されます。

例1 $\sigma(0) = \dfrac{1}{1+e^0} = \dfrac{1}{1+1} = \dfrac{1}{2}$, $\sigma(1) = \dfrac{1}{1+e^{-1}} = \dfrac{1}{1+0.3678} = 0.7311$

シグモイド関数 4 のグラフを見てみましょう。

2章　Excelでわかるニューラルネットワーク

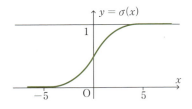

シグモイド関数④のグラフ。ステップ関数に似ているが、滑らかで数学的に扱いやすい。

　このグラフからわかるように、シグモイド関数はステップ関数に似ていますが、どこも滑らかで、どの点でも微分が可能です。また、関数値は0と1の間に収まり、その値に割合や度合い、確率など、様々な数学的な解釈を施すことができます。

▶シグモイドニューロン

　式②のステップ関数をシグモイド関数④に置き換えた人工ニューロンを**シグモイドニューロン**といいます。活性化関数にシグモイド関数を採用したニューロンのことです。歴史的に大変有名な人工ニューロンです。

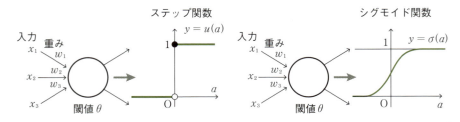

▶シグモイドニューロンをさらに一般化

　活性化関数の候補はシグモイド関数だけではありません。擬似的な発火を実現できるようなグラフの形を持つ連続関数なら何でもよいのです。ここでは、負の世界を許容したときにモデルとのフィットが良いtanh関数と、計算速度が速いランプ関数、線形関数を紹介します。

§2 神経細胞をモデル化した人工ニューロン

関数名	定義式	特徴
tanh	$\tanh(x) = \dfrac{e^x - e^{-x}}{e^x + e^{-x}}$	重みに負を許容するモデルに対し、よく適合する。
ランプ関数	$x < 0$ のとき 0 $x \geq 0$ のとき x	計算が高速。出力に任意の0以上の値を許容。
線形関数	$y = x$	出力に負を許容し、計算が高速。隠れ層には使わない。

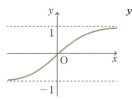

$y = \tanh(x)$のグラフ

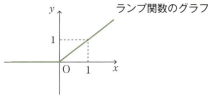

ランプ関数のグラフ

▶人工ニューロンと活性化関数のまとめ

　以上で調べた人工ニューロンと活性化関数は、ニューラルネットワークを計算するときの基本になります。その働きをここでまとめておきましょう。なお、先に示したように、次節以降では、上記の関数を活性化関数とする人工ニューロンを「**ニューロン**」と表現します。

入力信号 x_1、x_2、…、x_n（nは自然数）を考え、各入力信号には重み w_1、w_2、…、w_n が与えられるとする。閾値を θ とするとき、ニューロンの出力 y は

$$y = a(s) \cdots \boxed{5}$$

ここで、a は「活性化関数」(activation function)、s は「入力の線形和」と呼ばれ、次のように定義される。

$$s = w_1 x_1 + w_2 x_2 + \cdots + w_n x_n - \theta \cdots \boxed{6}$$

注 先述のように、式 $\boxed{6}$ の θ を除いた部分を本書では「重み付き和」と呼びます。

2章 Excelでわかるニューラルネットワーク

▶ Excelでニューロンの働きを再現

具体的にシグモイドニューロンの出力の計算をしてみましょう。1つのセルが1つのニューロンを表現できることを確かめます。

> **例題1** 2つの入力 x_1、x_2 を持つ人工ニューロンを考えます。入力 x_1、x_2 に対する重みを順に w_1、w_2 とし、閾値を θ とします。2つの入力 x_1、x_2 を与えたときの出力を求めるワークシートを作成しましょう。ただし、活性化関数はシグモイド関数、tanh関数、ランプ関数とします。また、w_1、w_2、θ は任意に与えられるようにします。

注 本例題のワークシートは、ダウンロードサイト(→10ページ)のサンプルファイル「2.xlsx」にある「§2_例題1」タブに収められています。

解 下図に示した人工ニューロンがこの例題の対象になります。

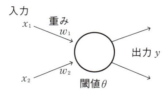

式 **5**、**6** から人工ニューロンの出力が求められます。次のワークシートでは、重み w_1、w_2 を順に2、3とし、閾値 θ を4としています。また、入力 x_1、x_2 に1、1を与えています。

この図ではシグモイドニューロンの出力値を赤枠でいる。

以上が 例題1 の解です。正の入力の線形和に対して、シグモイド関数とtanh関数が似た値を算出していることに留意してください。

▶「入力の線形和」の内積表現

まとめの式 6 は「入力の線形和」と呼ばれますが、数学的にはきれいな形ではありません。最後の$-\theta$が不揃いなのです。そこで、ニューロンを次のように拡張します。

仮想的な入力を考え、その入力は常に-1とします。また、重みはθとします。こう置くことで、数学のベクトルで有名な内積の表現が利用できます。次の2つのベクトル$\boldsymbol{x}$、$\boldsymbol{w}$を考えてみましょう。

$$\left.\begin{array}{l}\text{入力ベクトル}:\boldsymbol{x} = (x_1, x_2, \cdots, x_n, -1) \\ \text{重みベクトル}:\boldsymbol{w} = (w_1, w_2, \cdots, w_n, \theta)\end{array}\right\} \cdots \boxed{7}$$

このとき、「入力の線形和」の式 6 は次のようにベクトルの内積の形にまとめられるのです。

入力の線形和$s = \boldsymbol{w} \cdot \boldsymbol{x}$ … 8

式 6 と比較し、大変コンパクトであることが見てとれます。

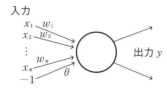

入力が常に-1、重みが閾値θである仮想的な入力を考える。すると、「入力の線形和」の式 6 はコンパクトにまとめられる。

Excelを利用する際、式 8 が便利な理由は、SUMPRODUCT関数1つで「入力の線形和」が表現できるからです。また、配列関数のMMULT（▶1章§2）も応用しやすくなります。

注 これらの関数については、▶1章§2を参照してください。

2章 Excelでわかるニューラルネットワーク

この式 8 を利用して、先の 例題1 に対応してみましょう。

> **例題2** 2つの入力 x_1、x_2 を持つ人工ニューロンを考えます。入力 x_1、x_2 に対する重みを順に w_1、w_2 とし、閾値を θ とします。2つの入力 x_1、x_2 を与えたときの出力を求めるワークシートを、内積表現 8 を用いて作成しましょう。ただし、活性化関数はシグモイド関数、tanh関数、ランプ関数とします。また、w_1、w_2、θ は任意に与えられるようにします。

注 本例題のワークシートは、ダウンロードサイト (→10ページ) のサンプルファイル「2.xlsx」にある「§2_例題2」タブに収められています。

解 下図に示した人工ニューロンがこの例題の対象になります。

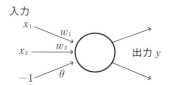

次のワークシートでは、例題1 と同様、以下のように設定しています。

入力ベクトル：$\boldsymbol{x} = (1, 1, -1)$

重みベクトル：$\boldsymbol{w} = (2, 3, 4)$

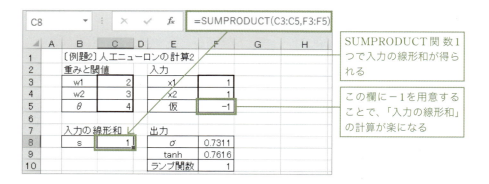

§2 神経細胞をモデル化した人エニューロン

以上が 例題2 の 解 です。SUMPRODUCT関数で「入力の線形和」が計算され
ることを確かめてください。

入力の線形和をベクトルの内積として表現するという工夫は、Excelの場合に
限らず、プログラミング言語でニューラルネットワークを作成する際に役立ちま
す。

MEMO 活性化関数の Excel 表現

人工ニューロン（今後はニューロンと表現）の活性化関数を Excel の関数で表す方法に
ついて、表にまとめておきます。s には「入力の線形和」がセットされたセルの番地が入り
ます。

活性化関数	Excel表現
$\sigma(s)$	1/(1+EXP($-s$))
$\tanh(s)$	TANH(s)
ランプ関数	MAX(0, s)

§3 ニューラルネットワークの考え方

　本書が目的とするリカレントニューラルネットワーク（RNN）と深層Qネットワーク（Deep Q-Network、略してDQN）は、名称からわかるように、ニューラルネットワークの応用です。後の準備のために、そのしくみを確認しましょう。

注 本書ではニューラルネットワークという言葉を、ディープラーニングを含む広い意味で利用しています。

　ディープラーニングで代表されるニューラルネットワークは、前節（▶§2）で調べた人工ニューロン（今後はニューロンと略記）を層状に並べたネットワークです。次の簡単な例を通して調べてみましょう。

> **課題Ⅰ** 4×3画素の白黒2値画像として読み取った「0」と「1」の手書き数字画像を識別するニューラルネットワークを作成しましょう。

　この課題に対するニューラルネットワークとして、次の形を採用します。

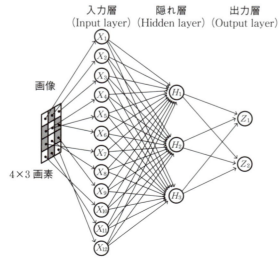

本節で調べるニューラルネットワーク。各ニューロンの重みと閾値を決めることが大きな目的となる。なお、本書では、左図のようにニューロン名を付ける。入力層はX、隠れ層はH、出力層はZを用いる。

図に示すように、画像の隣の層を**入力層**(Input layer)、中間の層を**隠れ層**(Hidden layer)、そして右側の層を**出力層**(Output layer)と呼びます。また、解説しやすいように、各層を順にX、H、Zで区別し、そのニューロンについては、上から順に1、2、3、…と番号を振ります。

注 隠れ層が複数層からなるものを、ディープラーニングと呼んでいます。

課題Ⅰ でいう「$4 \times 3 = 12$画素の白黒2値画像」とは、次に例示するような極めて単純な画像です。簡単な画像ですが、手書き風の数字「0」、「1」の表現は可能です。画像を構成する画素の黒白が数値1、0の2値で表現されていることに留意してください。

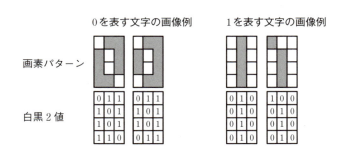

ではこれから、人の仕事に置き換えて、このニューラルネットワークのしくみを調べてみることにしましょう。

▶入力層の役割

最初に入力層について考えます。この層にある12個のニューロンは、ネットワークへ画像情報を運ぶ「運搬係」の役割を担います。

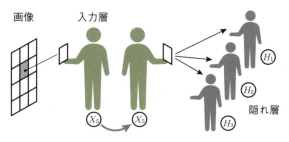

入力層の各ニューロンは信号の「運搬係」。この図は運搬係X_5を表す。運搬係の各スタッフは受け持ちの画素情報をそのまま隠れ層の係全員に報告する。

ひとり一人のスタッフは画像のひとつ一つの画素を担当し、画素情報を加工せずそのまま隠れ層の全員に報告する役割を担います。換言すれば、入力層のニューロンは入力信号を中間層に伝えるだけで、何の処理もしません。

▶隠れ層の役割

次に隠れ層の役割を調べましょう。この層にある3つのニューロン H_1〜H_3 は「検知係」の役割を担います。入力層から報告される画像パターンの中に、担当の画像パターンが含まれているかを調べ、その含み具合を上の層に報告する役割を担うのです。

注 話をわかりやすくするために、「担当の画像パターン」はあらかじめわかっているものとします。実際には、このパターンの決定が目標の1つになります。

各検知係の受け持つパターンを「__特徴パターン__」と呼ぶことにしましょう。ここでは、次のパターンを仮定することにします。

3人の検知係 H_1〜H_3 が検知を受け持つ3つの特徴パターン。

また、隠れ層のニューロン H_1〜H_3 は、上記の__特徴パターン①〜③__の検知を担当することにします。

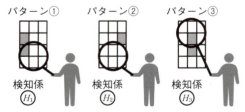

隠れ層の検知係 H_1〜H_3 は、自分と同じ番号の特徴パターンを検知する任務を負う。

次の図は、__特徴パターン①__を検出する役割を担う検知係 H_1 の働きを示しています。

§3 ニューラルネットワークの考え方

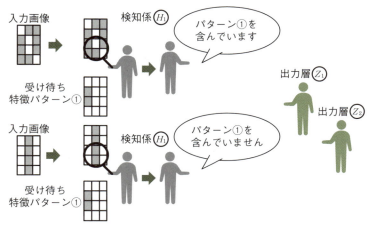

隠れ層の検知係 H_1 は受け持ちの特徴パターン①が画像にどれくらい含まれているかを調べ、その含み具合を出力層に伝える。

▶ 出力層の役割

最後に隠れ層の役割を調べましょう。この層のニューロン Z_1、Z_2 は「判定係」の役割を担います。判定係 Z_1 は数字「0」の判定を分担します。判定係 Z_2 は数字「1」の判定を分担します。隠れ層の3人の「検知係」から報告される特徴パターンの含み具合を勘案して、判定係 Z_1 は数字「0」である確信度を0と1の間の数値で表現します。判定係 Z_2 は数字「1」である確信度を0と1の間の数値で表現します。

なお、「確信度」という言葉を用いましたが、これはイメージ的な表現であり、厳密な意味ではありません。

▶ ニューロン 1 個は知能を持たない！

「運搬係」12 人、「検知係」3 人と「判定係」2 人の総勢 17 人の役割を調べました。「運搬係」は画素信号を隠れ層のスタッフ全員にそのまま届ける係、「検知係」はもらった信号の中に含まれる「特徴パターン」の含有率を判定係に報告する係、そして最後の「判定係」は検知係からもらった情報から数字 0 か数字 1 かの確信度を出力する係です。

総勢 17 人のスタッフ

注意すべきことは、各ニューロンを「人」に例えたからといって、それらが人のような知能を有してはいないことです。前節（▶§2）で調べたように、各ニューロンは単純に次の働きをするだけです。

入力信号 x_1、x_2、…、x_n（n は自然数）を考え、各入力信号には重み w_1、w_2、…、w_n が与えられるとする。閾値を θ とするとき、ニューロンの出力 y は

$$y = a(s) \cdots \boxed{1}$$

ここで、a は「活性化関数」であり、s は「入力の線形和」と呼ばれ、次のように定義される。

$$s = w_1 x_1 + w_2 x_2 + \cdots + w_n x_n - \theta \cdots \boxed{2}$$

注 入力の線形和 s で、θ を除いた部分を本書は「重み付き和」と呼びます（▶本章§1）。

§3 ニューラルネットワークの考え方

　では、どうやって、こんな単純なニューロン（すなわち17人のスタッフ）が寄り集まって文字識別という高度な処理が可能になるのでしょうか。その秘密は層間の各係のスタッフの関係（すなわち重み）の大小にあります。層ごとにそのしくみを調べてみましょう。

▶特徴抽出のしくみ

　入力層は単にネットワークの窓口です。受け取った入力をそのまま隠れ層に渡します。大切なのはその隠れ層の働きです。

　例として、先に示した隠れ層の「検知係」H_1について調べます。この検知係H_1は、読み取った画像の中に、下図に示した**特徴パターン①**が含まれるかどうかを調べ、その含み具合を数値化する役割を担います。

検知係①の検知すべき特徴パターン①

　では、どうやってその含み具合を算出するのでしょうか？　その秘密は入力層の運搬係と検知係H_1とを結ぶ矢の太さ（すなわち重みの大きさ）にあります。次の図を見てください。

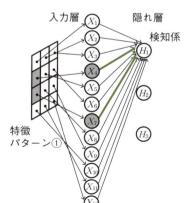

特徴パターン①が画像に含まれることを隠れ層の検知係H_1が知るには、入力層のスタッフX_4、X_7と検知係H_1とが太い矢で結ばれていればよい。すなわち、隠れ層のニューロンH_1は入力層X_4、X_7の入力の「重み」を大きくし、他の重みを小さくすればよい。

この図に示すように、入力層の運搬係X_4、X_7と隠れ層の検知係H_1とを結ぶ矢を太くし（すなわち重みを大きくし）、他の矢を細くして（重みを小さくして）みましょう。そうすれば、**特徴パターン①**が画像に含まれているとき、「入力の線形和」2からわかるように、検知係H_1に伝わる信号は大きくなります。逆に**特徴パターン①**が画像に含まれていないとき、検知係H_1に伝わる信号は小さくなります。

同様なことは、隠れ層の「検知係」H_3が次の**特徴パターン③**が含まれるかどうかを調べ、数値化するときにも当てはまります。

検知係H_3の検知すべき特徴パターン③

「検知係」H_1と同様、次のようにネットワークを描いてみましょう。入力層の運搬係X_5、X_8と検知係H_3を結ぶ矢を太くし（すなわち重みを大きくし）、他の矢を細くして（重みを小さくして）みるのです。

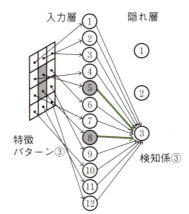

特徴パターン③が画像に含まれることを検知係H_3が知るには、入力層のスタッフX_5、X_8と検知係H_3とが太い矢で結ばれていればよい。すなわち、隠れ層のニューロンH_3が入力層のニューロンX_5、X_8の入力の「重み」を大きくし、他を小さくすればよい。

この図のようにすれば、特徴パターン③が画像に含まれているとき、「入力の線形和」2から検知係H_3に伝わる信号は大きくなります。逆に**特徴パターン③**が画像に含まれていないとき、検知係H_3に伝わる信号は小さくなります。

以上のように、「入力の線形和」2の中の「重み」を調節することで、担当する特徴パターンの含み具合が判明します。そして、その含み具合を活性化関数1で含有率に変換できます。単純なニューロンが、文字画像の中の情報を調べるということは、このように単純な操作によってなされるわけです。

注 含有率といってもイメージ的な表現です。数値的な具体的意味については▶ §3のExcel実習で確かめてください。

　検知係が特徴パターンの含有率を算出することは、画像に含まれる特徴を抽出すると換言できます。このことを「隠れ層は**特徴抽出**する役割を担う」と表現します。

▶出力層の「判定係」はまとめ役

　最後に、出力層にいる「判定係」の役割を見てみましょう。先に定めたように、判定係Z_1は「0」の確信度を、判定係Z_2は「1」の確信度を数値化する働きをすると仮定します。

　出力層の「判定係」は隠れ層の「検知係」から報告される特徴パターンの含有率を用いて、入力画像が自分の受け持つ数字かどうかを確信度として数値化します。ところで、判定係Z_1が「0」と判定する役割を担っているということは、判定係Z_1が隠れ層の検知係H_1、H_2と太い矢を持つことを意味します。手書き数字「0」の文字には**特徴パターン①②**が含まれている可能性が高いからです。

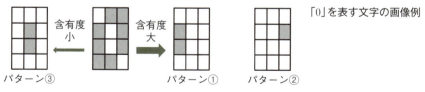

「0」を表す文字の画像例

手書き数字「0」の文字には**特徴パターン①②**が含まれている可能性が高い。

　判定係Z_2が入力画像を「1」と判定する役割を担っているということは、隠れ層の検知係H_3と太い矢を持つことを意味します。手書き数字「1」の文字には**特徴パターン③**が含まれている可能性が高いからです。

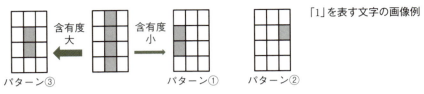

手書き数字「1」の文字には**特徴パターン③**が含まれている可能性が高い。

隠れ層のときと同様、太い矢とは、ニューロンの世界でいうと、「重み」が大きいことを意味します。細い矢ということは、「重み」が小さいことを意味します。こうして、隠れ層のときと全く同じしくみで、式 1、2 から目的の情報を選別し、自分の見つけるべき画像かどうかの判断ができるようになるのです。

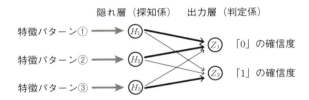

「0」を判定する判定係 Z_1 には、**特徴パターン①②**の検知を受け持つ検知係 H_1、H_2 からの矢を太く(重みを大きく)する。「1」と判定する判定係 Z_2 には、**特徴パターン③**の検知を受け持つ検知係 H_3 からの矢を太く(重みを大きく)する。こうして、判定係 Z_1、Z_2 は入力画像が0か1を判定できる。

▶ しくみをまとめると

これまでの話をまとめてみましょう。結局、各層間の矢の太さ、すなわち「重み」の大きさが画像を判別するカギになっていることがわかりました。次の例で、それを調べましょう。

例 次の図の手書き数字「0」の画像が入力されたとき、ニューラルネットワークが「0」と判定する流れを見てみます。

数字「0」を表す画像

この文字画像には**特徴パターン①②**が含まれています。そこで、運搬係のX_4、X_6、X_7は太い矢を持つ検知係のH_1、H_2に強い信号を送ります。すると、検知係H_1、H_2は太い矢を持つ出力層の判定係Z_1に強い信号を送ります。こうして、「0」を判定する出力層の判定係Z_1は「**この画像は『0』**」と確信し、確信度として1に近い値を出力します。それに対して、弱い信号しか受け取らなかった出力層の判定係Z_2は「**この画像は『1』**」とする確信度として0に近い値を出力します。こうして、ニューラルネットワークは出力層の2者の確信度を比較することで「**この数字画像は『0』である**」と判定することになります。

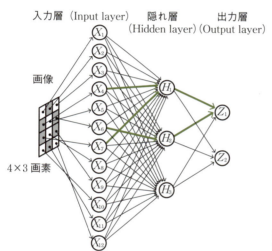

図の太い矢をたどれば「0」の判定が得られる。

▶閾値の役割は不要な情報のカット

隠れ層の検知係が入力層からの情報をえり分けるしくみが「重み」にあることを調べました。もう1つのパラメーターである「閾値」はどんな働きをするのでしょうか？

例えば、隠れ層の検知係のスタッフについて考えてみましょう。そのスタッフは自分と太い矢で結ばれた入力層の運搬係からの信号は大切です。しかし、それ

2章　Excelでわかるニューラルネットワーク

以外の運搬係からの信号は雑音となります。その雑音をカットする役割が「閾値」なのです。閾値をちょうどよく設定することで、受け持つ目的の信号を取り込み、それ以外の信号を上手に抑え込むことができるのです。

▶ 重みと閾値の決め方

これまでは、隠れ層の検知係の受け持つ「特徴パターン」は初めから与えられたものと仮定してきました。しかし、先にも注記したように、何が画像の特徴なのかは、最初は不明です。どうやって、画像の特徴が決められるのでしょうか？また、各ニューロンの重みについても、具体的にどう決定されるのでしょうか？

この疑問に答えるのが、**ネット自らが決定する**というアイデアです。すなわち、重みや閾値は与えたデータからニューラルネットワーク自らが決定するのです。人が手取り足取りして教えるという操作はしません。

いま調べている例で考えてみましょう。「0」「1」の手書き画像のデータが何枚もあり、それらには1枚ずつ「0」か「1」かの正解がついていると仮定します。

注 これら画像と正解のセットを「**訓練データ**」、または「**学習データ**」といいます。また、その画像データの正解部分を「**予測対象**」、画像部分を「**予測材料**」と呼ぶこともあります。正解部分の呼び方として**正解ラベル**という言葉もよく利用されます。

MEMO　教師あり学習

上記のように、「**正解ラベル**」と呼ばれる正解が与えられた訓練データでモデルのパラメーターを決定する機械学習を**教師あり学習**といいます。AIの多くはこのタイプに分類されます。

すると、最初にやることは、仮の重みと閾値を設定し、ニューラルネットワークに1枚1枚の画像を読ませ、「0」か「1」かの確信度を計算することです。次に、1枚1枚の画像に付けられた正解との誤差を算出し、画像データすべてにおいてこれらの誤差の総和を求めます。最後に、この誤差の総和が最小になるように、重みと閾値をコンピューターで決めるのです。

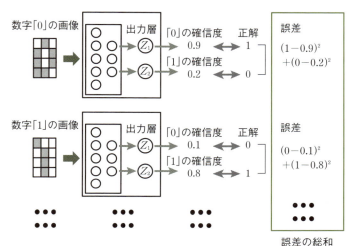

誤差の総和のイメージ。表示している値は仮想の値である。

　以上の数学的な手続きは**最適化**と呼ばれる手法です。▶1章§4では回帰分析でその手法を調べましたが、同じ手法でニューラルネットワークの重みと閾値が決定されるのです。

　別な表現をすれば、最適化の計算さえすれば、ニューラルネットワークは画像データから自分自身を決定するのです。これが「ネットワーク自らが学習」と表現される理由です。人がとやかくいう必要はないのです。

▶ニューラルネットワークのアイデアのまとめ

　ニューラルネットワークを構成するニューロンひとつ一つの働きは単純です。隣層のニューロンからの入力を「入力の線形和」にまとめ（式 **2**）、その大小から適当な値に変換するだけなのです（式 **1**）。そんな単純な働きしかしないニューロンのネットワークが判断能力を持てるのは、重みや閾値をデータに合わせ調整するためです。担当スタッフが「特徴パターン」を見つけやすいように、矢の重みをデータに合わせて自らが決定するのです。

　これはアリやハチの社会にも似ています。アリやハチ一匹一匹は大きな知能を持ちません。しかし互いにネットワークを構成し関係を築き合うことで、複雑な社会をつくることができるのです。

2章　Excelでわかるニューラルネットワーク

　以上のアイデアが了解されれば、ニューラルネットワークをExcelで簡単に実現できます。ただその前に、これまでの議論を数式で見てみましょう。今後の発展のために役立ちます。

> **MEMO　畳み込みニューラルネットワーク**
>
> 　ニューラルネットワークの応用として有名なものに**畳み込みニューラルネットワーク**（Convolutional Neural Network、略してCNN）があります。後に調べるDQNに用いられるネットワークも、応用上はこのCNNが用いられるのが普通です。
> 　CNNは、ニューラルネットワークの隠れ層に、「畳み込み層」というまとめ層と「プーリング層」という情報凝縮層を挿入することが特徴です。こうすることでニューラルネットワークの特徴抽出の能力が効率よく引き出せるようになります。
>
>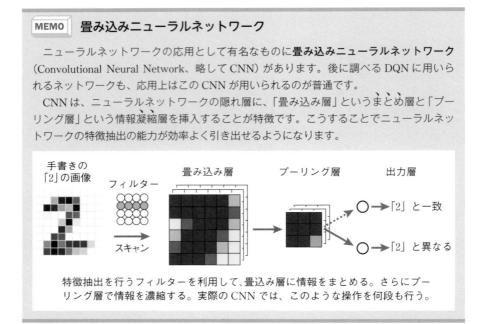
>
> 特徴抽出を行うフィルターを利用して、畳込み層に情報をまとめる。さらにプーリング層で情報を濃縮する。実際のCNNでは、このような操作を何段も行う。

注　CNNのしくみについては、別著『Excelでわかるディープラーニング超入門』（技術評論社）をご覧ください。

§4 ニューラルネットワークを式で表現

先の節（▶ §3）ではニューラルネットワークのしくみを、人の役割にたとえて調べました。本節では、その人の働きを数式で表現してみましょう。

注 数式をうっとうしく思われる読者は本節を軽く流すだけで大丈夫です。次節で、Excelが視覚的に説明してくれます。

本節でも、前節（▶ §3）と同じ次の課題を具体例として用い、話を進めることにします。

> **課題 I** 4×3画素の白黒2値画像として読み取った「0」と「1」の手書き数字画像を識別するニューラルネットワークを作成しましょう。

注 画像枚数は55とします。

この課題に対するニューラルネットワークとして、前節同様、次の形を採用します。

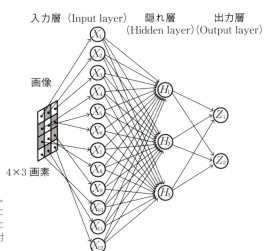

本節で調べるニューラルネットワーク。各ニューロンの重みと閾値を決めることが大きな目的となる。なお、これまでと同様、右の図のようにニューロン名を付ける。

▶ 変数名の約束

ニューラルネットワークの出力を算出するにはニューロン間の関係を式で表現する必要があります。その際に必要な変数名について確認します。

単独のニューロンを扱った▶ §2では、ニューロンの働きを表現するのに次の記号を用いました。

---

x_i …… i番目の入力

w_i …… i番目の入力に掛けられる重み

θ …… 閾値

y …… 出力

s …… 入力の線形和 ($w_1x_1 + w_2x_2 + \cdots + w_nx_n - \theta$)

$y = a(s)$ …… aは活性化関数

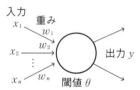

1つのニューロンの場合の記号の約束

これらの記号はニューラルネットワークを記述するのに力不足です。ネットワークの中でニューロンを議論するとき、どの層の何番目に位置するかの情報が必要になるからです。このことに留意しながら、これから用いる記号の名称を定義しましょう。

層の区別をするために、入力層、隠れ層、出力層のニューロン名には、各々X、H、Zの文字を用いることにします。これは▶ §3と同様です。

3層をX、H、Zの3つの大文字で区別

Hは Hidden Layer（隠れ層）の頭文字。

各層の中のニューロンの位置は、該当層の上からの位置番号を用います。その番号を X、H、Z に添え字として付加しニューロン名にします。

こうして名付けられたニューロンの出力はニューロン名と同一の小文字にします。すなわち、各ニューロンのニューロン名と出力変数名は大文字と小文字で区別します。

$(X_i) \rightarrow$ 出力 x_i　$(H_j) \rightarrow$ 出力 h_j　$(Z_k) \rightarrow$ 出力 z_k

出力変数名はニューロン名の小文字を利用。

次に、ネットワークの各ニューロンに関係する「重み」や「閾値」、そしてニューロンへの「入力の線形和」を記述する変数名について考えます。これらは次の図のように約束します。

このように約束することで、次の図のように、各層のニューロンとパラメーターの位置関係が示せます。

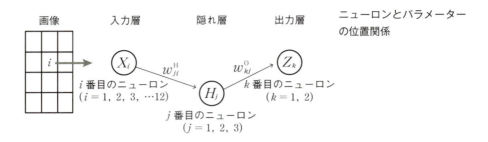

なお、各ニューロンについて、重み、閾値、入力の線形和の意味と役割は前の章（▶3章）で調べた単独のニューロン場合と同じです。

以上のことを表にまとめておきましょう。

記号名	意味
x_i	入力層i番目のニューロンX_iの入力を表す変数。入力層では、出力と入力は同一値なので、出力の変数にもなる。
h_j	隠れ層j番目のニューロンH_jの出力を表す変数。
z_k	出力層k番目のニューロンZ_kの出力を表す変数。
w_{ji}^{H}	入力層のi番目のニューロンX_iから隠れ層のj番目のニューロンH_jに向けられた矢の重み。
w_{kj}^{O}	隠れ層j番目のニューロンH_jから出力層k番目のニューロンZ_kに向けられた矢の重み。
θ_j^{H}	隠れ層j番目にあるニューロンH_jの閾値。
θ_k^{O}	出力層k番目にあるニューロンZ_kの閾値。
s_j^{H}	隠れ層j番目のニューロンH_jへの入力の線形和
s_k^{O}	出力層k番目のニューロンZ_kへの入力の線形和

▶ネットワークを式で表現

ニューラルネットワークの中のニューロンの関係を式で表現する準備ができました。早速、その関係式を作成してみましょう。

ところで、ネットワークを構成する各ニューロンは▶2章で調べた単独のニューロンと同じ働きをします。そこで、関係式の作り方について、新しい話は

なにもありません。ただし、多数のニューロンが現れるので、その分、式は複雑になります。

まず、隠れ層のニューロンについて調べましょう。次の図は隠れ層1番目のニューロン H_1 について、パラメーター（すなわち重み、閾値）の関係を示しています。

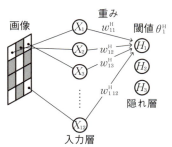

隠れ層1番目のニューロン H_1 について、パラメーターの関係を示す。

この図から、隠れ層のニューロンについてすべての関係式が書き下せます。

〔隠れ層のニューロンに関する「入力の線形和」と出力〕

$$s_1^H = w_{11}^H x_1 + w_{12}^H x_2 + w_{13}^H x_3 + \cdots + w_{1\,12}^H x_{12} - \theta_1^H$$
$$s_2^H = w_{21}^H x_1 + w_{22}^H x_2 + w_{23}^H x_3 + \cdots + w_{2\,12}^H x_{12} - \theta_2^H \quad \cdots \boxed{1}$$
$$s_3^H = w_{31}^H x_1 + w_{32}^H x_2 + w_{33}^H x_3 + \cdots + w_{3\,12}^H x_{12} - \theta_3^H$$

$$h_1 = a(s_1^H),\ h_2 = a(s_2^H),\ h_3 = a(s_3^H) \quad (a\text{は活性化関数}) \cdots \boxed{2}$$

次に、出力層のニューロンについて調べましょう。下図は出力層の1番目のニューロンについて、パラメーターの関係を示しています。

出力層の1番目のニューロンについて、パラメーターの関係を示す。

この図から、出力層のニューロンについてすべての関係式が書き下せます。

〔出力層のニューロンの「入力の線形和」と出力〕

$$s_1^O = w_{11}^O h_1 + w_{12}^O h_2 + w_{13}^O h_3 - \theta_1^O$$
$$s_2^O = w_{21}^O h_1 + w_{22}^O h_2 + w_{23}^O h_3 - \theta_2^O$$

… 3

$$z_1 = a(s_1^O)、z_2 = a(s_2^O) \quad (aは活性化関数) … 4$$

注 式 2 と 4 で、活性化関数の記号 a を共通に用いていますが、同一である必要はありません（層ごとには一致させます）。

ニューラルネットワークの出力の意味

課題Ⅰ に示したニューラルネットワークの出力層には2つのニューロン Z_1、Z_2 があります。Z_1 は数字「0」を、Z_2 は数字「1」を検出するように意図されています。このことを念頭において、ニューラルネットワークの出力を調べてみましょう。

下図を見てください。左端は前節（▶ §3）の例で取り上げた画像で、数字「0」を表しています。この場合、次のような出力を算出してくれるのが理想です。

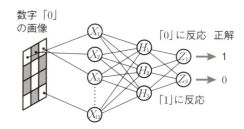

出力層のニューロン Z_1 は数字「0」を、Z_2 は「1」を検知する役割。そこで、「0」が入力されたなら、Z_1 は1を、Z_2 は0を出力することが望ましい。

この図から大切なことが見えてきます。数字「0」が読まれたとき、ニューロン Z_1 の出力 z_1 と1との差が小さければ小さいほど、また、ニューロン Z_2 の出力 z_2 と0との差が小さければ小さいほど、ニューラルネットワークはよい結果を算出したことになります。

数字「0」が読まれたとき、出力z_1と1との差が小さければ小さいほど、出力z_2と0との差が小さければ小さいほど、よい結果。

そこで、数字「0」が読まれたときのニューラルネットワークの出力の誤差の評価として、次の値eが考えられます。

数字「0」が読まれたとき：$e = (1-z_1)^2 + (0-z_2)^2$ … 5

この値eが小さいとき、ニューラルネットワークは「よい値を算出した」ことになります。

数字「1」が読まれたときも同様です。Z_1の出力z_1と0との差が小さければ小さいほど、また、Z_2の出力z_2と1との差が小さければ小さいほど、ニューラルネットワークはよい結果を算出したことになります。

数字「1」が読まれたとき、出力z_1と正解0との差が小さければ小さいほど、出力z_2と正解1との差が小さければ小さいほど、よい結果。

そこで、数字「1」が読まれたときのニューラルネットワークの出力の誤差の評価として、次の値eが考えられます。

数字「1」が読まれたとき：$e = (0-z_1)^2 + (1-z_2)^2$ … 6

この値eが小さいとき、ニューラルネットワークは「よい値を算出した」ことになります。

以上の式 5 6 で定義した値eを、ニューラルネットワークが算出した値の**平方誤差**といいます。

注 文献によっては、5、6と係数の違いがあります。多くの文献では誤差逆伝播法を意識して係数に1/2を付けています。

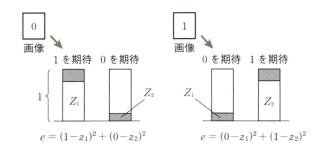

平方誤差 5 6 のイメージ。網かけ部分の高さを2乗した値の和が誤差e。

　ここで、平方誤差 5 、 6 が、言葉の示す通り、平方和であることに留意してください。**1画像だけの誤差**評価ならば、わざわざ2乗（すなわち平方）の計算をする必要はありません。しかし、**データ全体の誤差**を見積もるとき、平方和であることが大切です。単に出力と正解との差だけをとると、データ全体で誤差の和が相殺されてしまい、正しい誤差の評価ができなくなるからです。このことは、▶2章で調べた**回帰分析**と同じ事情です。

▶ 正解を変数化

　画像を識別するための訓練データにおいて、各画像にはそれが何を意味するかの正解が付されています。今の 課題Ⅰ では、手書きの数字画像に「0」「1」のどちらかが付加されていることになります。ところで、生のままの「0」「1」では処理がしにくいので、計算しやすいように書き換えましょう。そのために、次の表に示す変数t_1、t_2の組を導入します。

	意味	画像が「0」のとき	画像が「1」のとき
t_1	「0」の正解変数	1	0
t_2	「1」の正解変数	0	1

注 tは teacher の頭文字。訓練データの正解部（すなわち正解ラベル）なので、この名がよく用いられます。

　このような組t_1、t_2で正解を表現すると、「誤差」を定義しやすくなります。

§4 ニューラルネットワークを式で表現

▶平方誤差の式表現

正解変数の組t_1、t_2を用いて平方誤差eの式 5 、 6 を表現してみましょう。次のように1つにまとめられます。

$$e = (t_1 - z_1)^2 + (t_2 - z_2)^2 \cdots \boxed{7}$$

このように平方誤差eを1つの式 7 として表現しておくと、Excelで誤差を表現するのに便利になります。

例 「1」を表す画像が読まれたとき、式 7 が式 6 と一致することを確認しましょう。

「1」の画像が読まれたとき、$t_1 = 0$、$t_2 = 1$であり、式 7 は次のようになります。これは式 6 に一致します。

$$e = (t_1 - z_1)^2 + (t_2 - z_2)^2 = (0 - z_1)^2 + (1 - z_2)^2$$

▶モデルの最適化

一般的に、データを分析するための数学モデルはパラメーターで規定されます。▶1章§4では、その典型例として回帰分析を調べました。回帰分析では、回帰係数と切片がパラメーターの役割を果たします。そして、そのパラメーターをデータにできるだけフィットするように決定する問題を**最適化問題**と呼ぶことを確認しました。

ニューラルネットワークの決定も、最適化問題のひとつです。モデルのパラメーターである「**重み**」と「**閾値**」を訓練用のデータにできるだけ合致するように決定するのが目標になるわけです。すなわち、回帰分析と同じように、重みと閾値は誤差の総和が最小になるように決定されるのです。

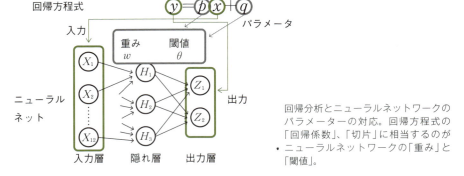

回帰分析とニューラルネットワークのパラメーターの対応。回帰方程式の「回帰係数」、「切片」に相当するのがニューラルネットワークの「重み」と「閾値」。

このように、回帰分析と同一の手法を用いて、これまで調べてきたニューラルネットワークの重みと閾値が決定できるのです。

▶ニューラルネットワークの目的関数

回帰分析でも調べましたが（▶1章§4）、データ全体について平方誤差 e を加え合わせた値 E_T を**目的関数**と呼びます。いま考えている 課題Ⅰ のニューラルネットワークについて、その目的関数を式として示してみましょう。

式 7 で調べたように、1つの画像について、ニューラルネットワークの算出値と正解との誤差は次のように与えられます。

$$e = (t_1 - z_1)^2 + (t_2 - z_2)^2 \cdots \boxed{7}（再掲）$$

ところで、訓練データのどの手書き数字画像に関するものなのか、この記号ではわかりません。そこで、k 番目の画像の平方誤差を次のように表すことにします。

$$e_k = (t_1[k] - z_1[k])^2 + (t_2[k] - z_2[k])^2 \quad (k = 1, 2, \cdots, 55) \cdots \boxed{8}$$

$t_1[k]$、$t_2[k]$ は k 番目の手書き数字画像の正解を表します。$z_1[k]$、$z_2[k]$ は k 番目の手書き数字画像に対するニューラルネットワークの出力を表します。値 55 は、いま調べている訓練データの大きさ、すなわち数字画像の枚数です。

§4 ニューラルネットワークを式で表現

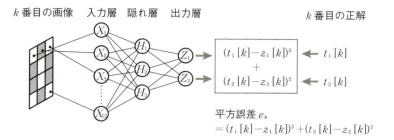

ニューラルネットワークを決定するために与えられた画像と正解のセット全体について、この e_k を加え合わせたものが、訓練データ全体の「誤差」と考えられます。これがニューラルネットワークの目的関数 E_T となります。

$E_T = e_1 + e_2 + \cdots + e_{55}$ … 9

式 9 の中の「55」は訓練データに含まれる手書き画像の枚数です。ちなみに、重みと閾値の具体的な関数式で式 9 を表現するのは、現実的に無理です。

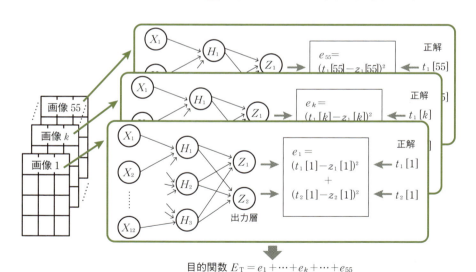

目的関数の求め方。各画像についての平方誤差の総和が目的関数。

2章　Excelでわかるニューラルネットワーク

MEMO　**平方誤差の計算に便利な SUMXMY2**

Excel において、平方誤差 e の算出に便利なのが SUMXMY2 関数です。次の例で確認しましょう。

例 $(x, y) = (0.9, 0.1)$、$(a, b) = (0.8, 0.3)$ とするとき、次の「差の平方和」e を、SUMXMY2 関数を用いて求めましょう。

$$e = (x - a)^2 + (y - b)^2$$

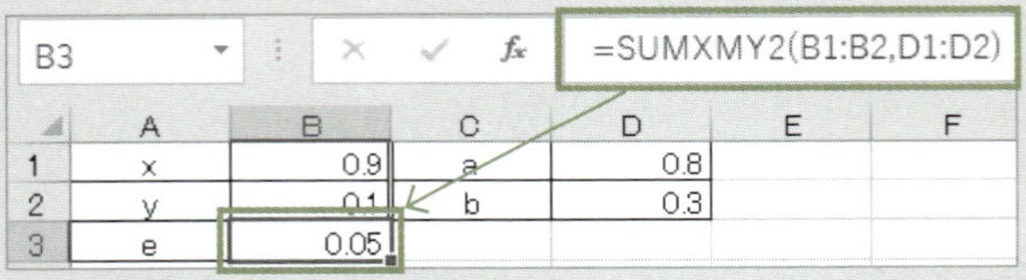

| B3 | ▼ | ⋮ | × | ✓ | f_x | =SUMXMY2(B1:B2,D1:D2) |

◢	A	B	C	D	E	F
1	x	0.9	a	0.8		
2	y	0.1	b	0.3		
3	e	0.05				

SUMXMY2 の関数名は「**X** マイナス **Y** の **2** 乗の和（**SUM**）」の太文字部分からとられています。

082

§5 Excelでわかるニューラルネットワーク

　前の節（▶§3）では人の役割でニューラルネットワークの働きを調べました。そのイメージがあればExcelで簡単にニューラルネットワークを実現できます。これまでと同じ具体例（下記 課題Ⅰ）を用いて、そのしくみを調べてもみましょう。

> **課題Ⅰ**　4×3画素の白黒2値画像として読み取った「0」と「1」の手書き数字画像を識別するニューラルネットワークを作成しましょう。

注 画像枚数は55とします。

　ニューラルネットワークとしては、前節（▶§3、▶§4）で調べた次の図を利用します。こんな簡単なネットワークでも、実際に数字が区別できることを、Excelで確かめましょう。

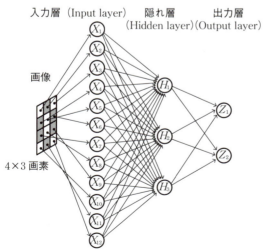

本節の目標となるニューラルネットワーク。▶§3、▶§4で調べたのと同じ。

2章 Excelでわかるニューラルネットワーク

▶訓練データの準備

先の節で確認しましたが、この 課題Ⅰ に示す「4×3＝12画素の白黒2値画像」とは、次の図に例示するような極めて単純な画像です。画像を構成する画素の黒白が数値1、0の2値で表現されています。

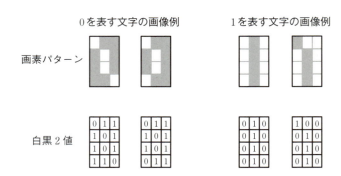

まず、この訓練データをExcelに入力してみましょう。

例題1 4×3画素の白黒2値画像として読み取られた手書き数字「0」と「1」を、正解と共にワークシートに用意しましょう。

注 本例題のワークシートは、ダウンロードサイト（→10ページ）のサンプルファイル「2.xlsx」にある「§5_訓練データ」タブに収められています。

解 手書き数字画像とその正解を用意します。

§5 Excelでわかるニューラルネットワーク

▶ニューラルネットワークの考え方に従って関数をセット

前節(▶§3、▶§4)に従って、ニューロンの入出力の値を実際に求めましょう。

例題2 **例題1**の訓練データを作業用のワークシートにコピーし、仮のパラメーター(重みと閾値)と関数をセットしましょう。

注 本例題のワークシートは、ダウンロードサイト(→10ページ)のサンプルファイル「2.xlsx」にある「§5_最適化前」タブに収められています。

解 下図のように作成してみましょう。

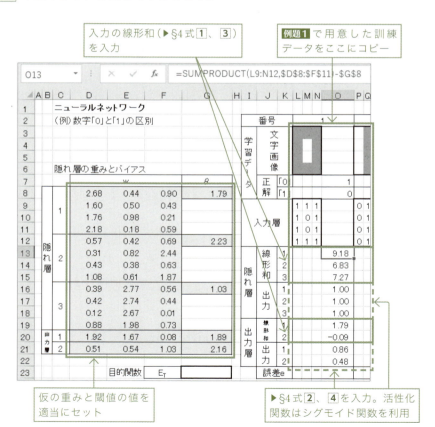

2章　**Excelでわかるニューラルネットワーク**

　この図では、作業用のワークシートに、**例題1** で用意した訓練データをコピーしています。また、仮のパラメーター（すなわち仮の重みと閾値）の値をセットしています（通常、乱数を利用します）。こう準備してから、1番目の画像データについて、隠れ層と出力層に▶§4で調べた計算式を入力します。

　1番目の画像についてワークシートが作成できたなら、それを全訓練データについてコピーします（下図）。

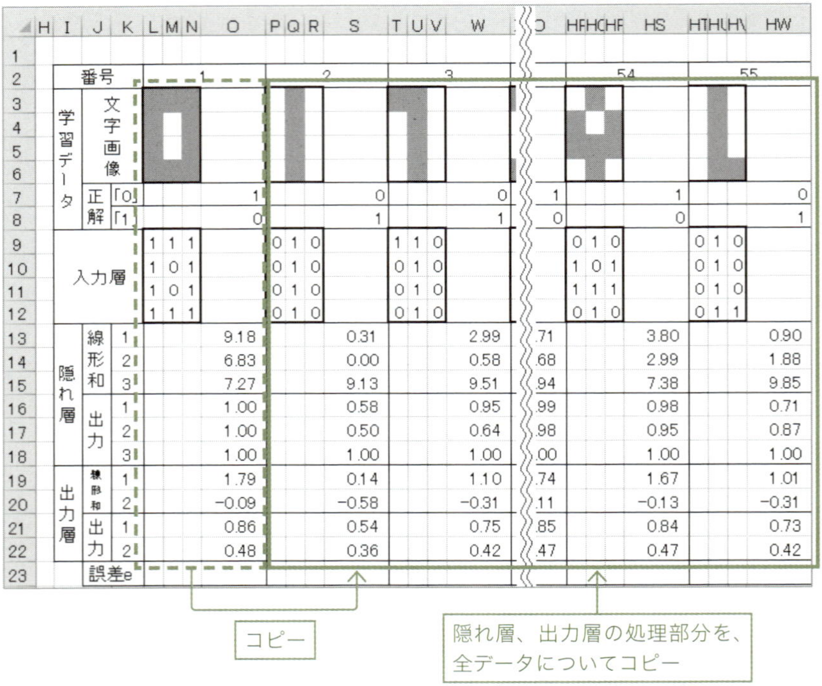

コピー

隠れ層、出力層の処理部分を、
全データについてコピー

　なお、仮の重みと閾値で計算しているので、ここで出力の値を議論するのは無意味です。

注 本節では、活性化関数としてシグモイド関数を利用しています。

086

§5 Excelでわかるニューラルネットワーク

▶目的関数を算出

仮のパラメーターを用いて算出した出力層の出力から、目的関数の値を求めましょう。目的関数の値は、ニューラルネットワークがどれだけデータと合致しているかを示す「目安」となるものです。

例題3 **例題2**で算出したニューラルネットワークの出力から平方誤差eを求め、目的関数の値を算出しましょう。

注 本例題のワークシートは、ダウンロードサイト（→10ページ）のサンプルファイル「2.xlsx」にある「§5_最適化前」タブに収められています。

解 ▶§4の式**8**を用いて、いま調べている画像についての平方誤差eが求められます。それらを全データについて加え合わせたものが、目的関数の値E_Tになります（▶§4式**9**）。

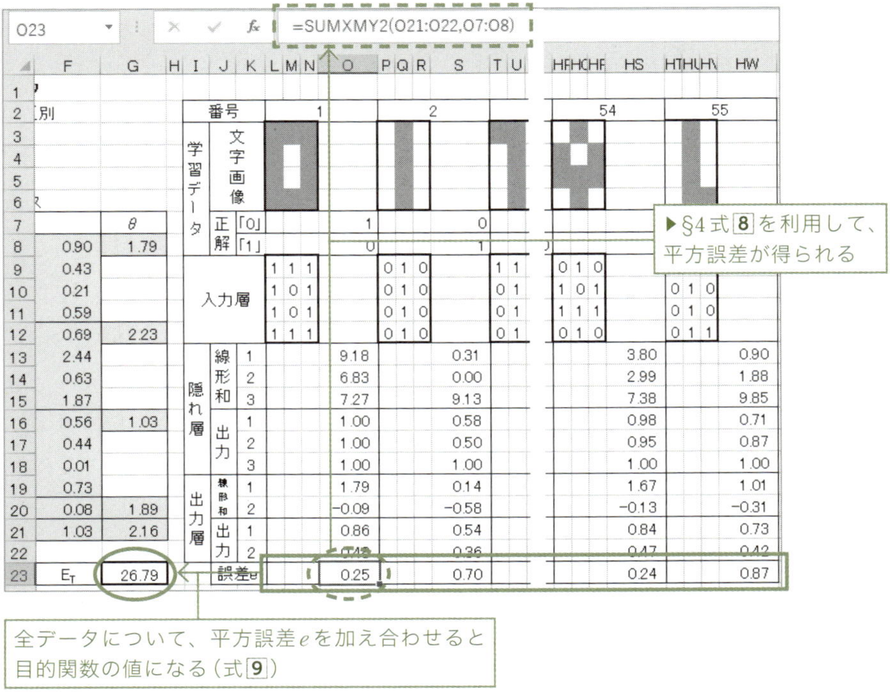

▶§4式**8**を利用して、平方誤差が得られる

全データについて、平方誤差eを加え合わせると目的関数の値になる（式**9**）

087

2章　Excelでわかるニューラルネットワーク

この目的関数の値 E_T は仮の重みと閾値から得られたものです。したがって、この段階で目的関数の値の議論をするのは無意味です。

▶ニューラルネットワークの最適化

ニューラルネットワークの算出値と正解との誤差の総和（＝目的関数）が求められたので、これを最小化し、重みと閾値を求めましょう。この操作を数学の世界では一般的に「最適化」と呼ぶことは▶1章で調べましたが、ニューラルネットワークでは**学習**と呼ぶこともあります。

最適化には、通常、そのための数学の知識が必要になります。しかし幸運なことに、いま調べている 課題Ⅰ のような単純なニューラルネットワークならば、Excelのソルバーを用いて簡単に最適化を行うことができます。数学の知識は不要なのです。

注 Excelソルバーの利用法は▶1章§3を参照してください。

> **例題4** これまで作成してきたワークシートを利用して、目的関数をソルバーで最小化し、重みと閾値を決定しましょう。

注 本例題のワークシートは、ダウンロードサイト（→10ページ）のサンプルファイル「2.xlsx」にある「§5_最適化前」タブに収められています。

解 ソルバーを呼び出し、設定ボックスにおいて、目的関数のセルを「目的セル」に、「重み」と「閾値」を「変数セル」に、指定します。また、ここでは「重み」も「閾値」も非負数に設定しておきます。結果を直感に従ってイメージ通りに解釈するには、0以上の値であることが必要だからです。「重みが大きい」「重みが小さい」などという解釈は、0以上の世界でしか通用しません。

088

§5 Excelでわかるニューラルネットワーク

> **MEMO** 訓練データ
>
> 本節で用いる画像と正解のセットを、一般的に**訓練データ**、または**学習データ**ということは▶本章§3で調べました。これらの名称については、文献によって様々なので注意が必要です。ちなみに、このデータの正解部分を**正解ラベル**または**予測対象**と呼ぶことも、▶§3で調べました。

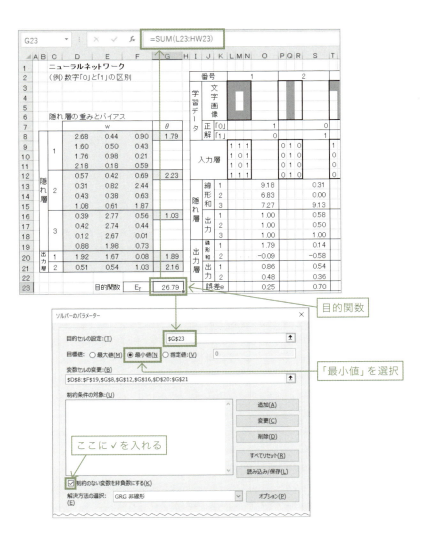

2章　Excelでわかるニューラルネットワーク

　ソルバーの計算が成功すると、下図のように重みと閾値が求められます。

注 本例題のワークシートは、ダウンロードサイト（→10ページ）のサンプルファイル「2.xlsx」にある「§5_最適化済」タブに収められています。

	A	B	C	D	E	F	G
1				ニューラルネットワーク			
2				（例）数字「0」と「1」の区別			
3							
4							
5							
6			隠れ層の重みとバイアス				
7					w		θ
8				0.00	0.36	0.68	4.46
9			1	2.25	0.21	0.50	
10				2.91	0.00	0.23	
11				0.64	0.17	0.49	
12				0.43	0.39	0.58	5.66
13	隠		2	0.37	0.00	6.14	
14	れ			0.54	0.22	0.88	
15	層			0.69	0.53	0.63	
16				0.00	0.00	0.00	8.91
17			3	0.00	5.99	0.00	
18				0.00	6.16	0.01	
19				0.00	0.00	0.00	
20	出力	1		5.01	7.94	0.07	6.14
21	層	2		0.00	0.00	12.49	6.29
22							
23				目的関数	E_T	0.00	

ソルバーの算出値

目的関数E_Tの値が0になっているので、この解は十分データにフィットしていることがわかる。なお、重みと閾値の初期値によって、この結果は大きく異なってくる。

目的関数の値は0。モデルがよくデータにフィットしていることを示している

▶最適化されたパラメーターを解釈

　Excelでニューラルネットワークの計算をする最大のメリットは、算出結果を視覚的にすぐに確かめられることです。本節では、そのメリットを生かし、隠れ層、出力層の中身を見てみましょう。データ分析という観点からすると、最も興味深い課題になります。

　先の **例題4** で求められた重みと閾値はニューラルネットワークを決定するパラメーターです。その中で、「重み」はニューロンがその下の層のニューロンと結ぶ結合の強さを表しています。すなわち、情報交換のパイプの太さを表現しています。そこで、上の結果を用いて、大きさの順で上位2つの重みの値をピック

090

§5 Excelでわかるニューラルネットワーク

アップしてみましょう(次の図で○を付けています)。

隠れ層の重み			
	0.00	0.36	0.68
1	2.25	0.21	0.50
	2.91	0.00	0.23
	0.64	0.17	0.49
	0.43	0.39	0.58
2	0.37	0.00	6.14
	0.54	0.22	0.88
	0.69	0.53	0.63
	0.00	0.00	0.00
3	0.00	5.99	0.00
	0.00	6.16	0.01
	0.00	0.00	0.00

出力層の重み			
1	5.01	7.94	0.07
2	0.00	0.00	12.49

大きな値を持つ「重み」に○印を付けている

次に、ニューラルネットワーク上で、この○印を付けた重みに関係するニューロンを矢で結んでみましょう。出力層のニューロン1と2に分けて図示すると、次のようになります。

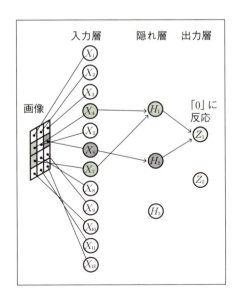
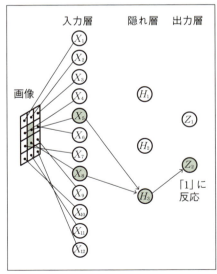

▶§3に示したように、隠れ層は次に示す**特徴パターン①~③**を抽出していることがわかります。すなわち、隠れ層が▶§1で述べた「検知係」の役割をしていることが確かめられます。

隠れ層のニューロン H_1 が特徴パターン①を、ニューロン H_2 が特徴パターン②を、ニューロン H_3 が特徴パターン③を、抽出していることがわかる。

また、その隠れ層の報告を受けた出力層は、入力された数字が「0」か「1」かを区別する「判定係」の役割をしていることが確かめられるのです。

こうして得られた結論は大変常識的です。原理的には人と同じことを実行しているわけです。本章の最初(▶§3)に擬人的な説明をしたことが、Excelの計算で確かめられたのです。

▶ニューラルネットワークをテストしよう

訓練データを用いて、ニューラルネットワークを決定してきましたが、それはあくまで訓練用です。新しい画像に出会ったとき、そのニューラルネットワークが本当に正しい判定ができるかを調べましょう。すなわち、例題4で決定したニューラルネットワークが正しく動作することを次の例題で確認しましょう。

例題5 右に示すテスト用手書き数字の画像について、これまでに作成したニューラルネットワークが数字画像「0」か「1」かのどちらに判定するか調べてみましょう。

注 本例題のワークシートは、ダウンロードサイト(→10ページ)のサンプルファイル「2.xlsx」にある「§5_テスト」タブに収められています。

解 このテスト用の手書き文字は訓練データにはなく、ドットが一つ抜けた数字です。人が見れば「0」と判定するでしょう。例題4で決定したニューラルネット

ワークが対処したことのない未経験のデータなのです。次に示すように、ワークシートは「0」と判定しています。例題4で確定したニューラルネットワークは、人と同様の判断を下したことになります。

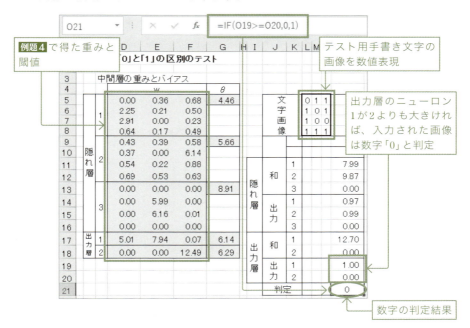

MEMO　初期値の設定

最適化問題では、その計算前に設定する初期値が大切です。もっともらしい結果を得るには何回も初期値を与え直さなくてはなりません。

その初期値を与えるのに有効なのがExcelのRAND関数です。任意の範囲にランダムな数値を設定できます。

例えば、範囲$a \leq x < b$にランダムな数値を得るには、次のように設定します。

$(b-a)\text{RAND}(\ )+a$

ここで、a、bは数またはセル番地です。
なお、Excelには次の関数も用意されています。

RANDBETWEEN(最小値, 最大値)

整数の乱数が返されるので、最適化には不向きかもしれません。

§6 普遍性定理

3層以上のニューラルネットワークは、隠れ層のニューロンを調整することで、任意の精度で与えられた関数を近似できることが知られています。これを**普遍性定理**といいます。これがどのような意味かを次の例題で調べてみましょう。

課題Ⅱ 関数 $y = x^2$ $(-2 \leq x \leq 2)$ が右のニューラルネットワークで近似されることを確かめましょう。

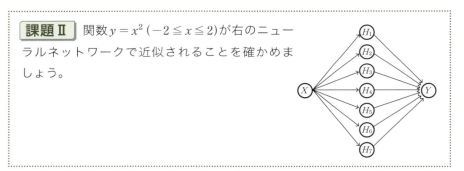

注 本例題のワークシートは、ダウンロードサイト(→10ページ)のサンプルファイル「2.xlsx」にある「§6_普遍性定理_最適化後」「§6_普遍性定理_最適化前」タブに収められています。

隠れ層Hの重みと閾値、及び出力層Yの重みと閾値を次のように設定してみましょう。

隠れ層

	重み	閾値
H_1	-2.41	-4.06
H_2	0.13	-2.30
H_3	-3.70	6.60
H_4	0.21	-2.49
H_5	-0.13	1.47
H_6	-0.30	2.39
H_7	-4.11	3.42

出力層

出力層への重み								閾値
1	2	3	4	5	6	7	
-5.70	3.95	4.10	3.48	-1.43	-0.47	1.62	0.92

こう定めた左記のニューラルネットワークで、入力層のニューロンXに例えば、-2、-1、0、1、2を入力してみましょう。すると、出力は次の表のようになります（計算は後述のワークシートで実行しています）。

x	-2	-1	0	1	2
出力	4.01	1.04	0.04	0.93	3.99
関数値	4.00	1.00	0.00	1.00	4.00

この表からわかるように、ニューラルネットワークの出力は関数$y = x^2$の値とほぼ一致します。これが普遍性定理の意味です。左記の簡単なニューラルネットワークから、これだけ良い近似値が得られるのです。

参考 グラフに示す

この 課題Ⅱ で得られた (X, Y) の組を座標に見立てて座標平面上にプロットし、滑らかに結んでみましょう。それに関数$y = x^2$のグラフを重ねて描いてみましょう。ニューラルネットワークの出力が、実にピッタリと元の関数に重なっています。

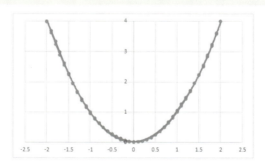

自然現象を表す関数は「滑らか」なのが普通です。その滑らかさを仮定すると、この例が示すように、簡単なニューラルネットワークで関数を近似できます。▶5章で調べるDQNにニューラルネットワークが応用できる数学的な秘密はここにあります。

▶ 重みと閾値の求め方

重みと閾値を決定するしくみは、これまで調べてきたニューラルネットワークの議論と全く同じです。以下に順を追って調べましょう。

①重みと閾値に初期値を与えます。

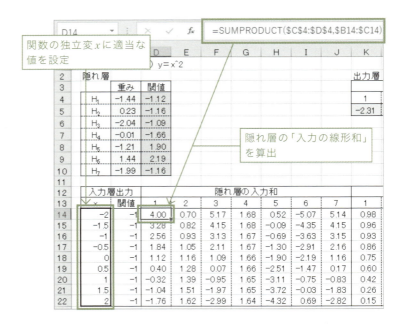

②入力層に適当な値（ここでは-2、-1.5、…、1.5、2）を入力します。各値に対して、隠れ層の各ニューロンの入力和を求めます。

③隠れ層の各ニューロンの出力を求めます。その値から出力層に関して「入力の線形和」と出力を求めます。ここでは、隠れ層の活性化関数としてシグモイド関数、出力層の活性化関数として線形関数を利用しています（▶2章§2）。

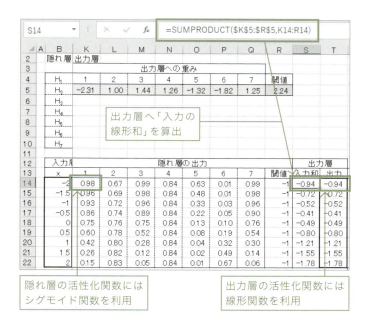

④正解ラベルとなる関数 $y = x^2$ の値とニューラルネットワークの出力との平方誤差を求め、目的関数の値を算出します。

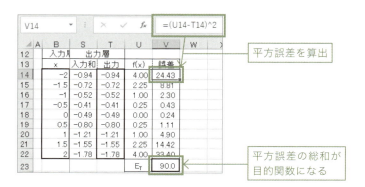

⑤ ④で求めた目的関数のセルを「目的のセル」に設定して、ソルバーを用いて最適化します。ソルバーに設定する「変数セル」は①で調べた重みと閾値のセルです。

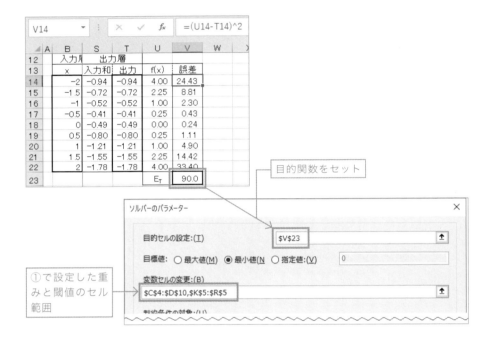

⑥ソルバーを実行します。こうして、最初に掲載した重みと閾値の値が得られます。

3章

Excel でわかる RNN

RNN（リカレントニューラルネットワーク）は、前章で調べた
ニューラルネットワークに**記憶を持たせたネットワーク**です。
時系列データ、すなわち順序が問題になるデータを扱うとき、
大変有効な技法です。出力を入力に取り込むという簡単な技法
で記憶効果を実現します。

（注）本章以降では人工ニューロンを「ニューロン」と略します。また、
ニューラルネットワークという言葉を、ディープラーニングなどを
含む広い意味で利用しています。

3章 ExcelでわかるRNN

RNNの考え方

　ニューラルネットワークは、画像の区別はできても、その画像の動きを予想することはできません。例えば、写真の中で「猫」は見つけられても、その猫がどのように動いていくかという予測はできないのです。そこで登場したアイデアが**リカレントニューラルネットワーク**（略して**RNN**）です。**回帰型ニューラルネットワーク**ともいわれます。従前のニューラルネットワークにちょっと工夫を加えることで、「次」の「予測」を可能にした技法です。

▶ 具体例で考える

　「次」を「予測」するシステムの例として、以下の簡単な課題を考えます。スマホへの文字入力などで、親しみがあるでしょう。

> **課題Ⅲ** 3文字「み」「た」「か」を対象に、次の表にある「読み」の最後尾の文字が、「入力文字」から予測されるリカレントニューラルネットワークを作りましょう。
>
> | 言葉（読み） | 入力文字 | 最後尾の文字 |
> |---|---|---|
> | 三鷹（みたか） | 「み」「た」 | か |
> | 見方（みかた） | 「み」「か」 | た |
> | 民か（たみか） | 「た」「み」 | か |
> | 高見（たかみ） | 「た」「か」 | み |
> | 蚊見た（かみた） | 「か」「み」 | た |
> | 形見（かたみ） | 「か」「た」 | み |
> | 鷹（たか） | 「た」 | か |
> | 美佳（みか（人名）） | 「み」 | か |

例えば、「み」、「か」と順に入力すれと、「た」が出力するようなニューラルネットワークを作成するのが目標です。この 課題Ⅲ の意味を次のスマートフォンの画面イメージで確認してください。

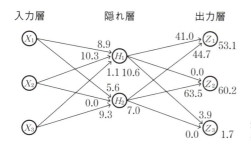

▶従来のニューラルネットワークに適用してみると？

課題Ⅲ を考える前に、この予測問題を▶2章で調べた従来のニューラルネットワークで考えてみましょう。例えば、次図のニューラルネットワークを考えてみます（ここに記した重みと閾値の数値は、いまは議論しません）。

矢の先端にあるのが重み、ニューロンを表す円の右下にあるのが閾値。

入力層 X_1、X_2、X_3 は文字データを入力するためのニューロンです。隠れ層には2つニューロン H_1、H_2 を配置します。出力層のニューロン Z_1、Z_2、Z_3 は、順に文字「み」「た」「か」への反応度を出力すると仮定します。

ここで、入力層に入力する文字データ「み」「た」「か」は、入力層 X_1、X_2、X_3 に合わせて、次の形式で入力されるものとします。

み＝ (1, 0, 0)、た＝ (0, 1, 0)、か＝ (0, 0, 1) … 1

3章 Excel でわかる RNN

このように、独立なデータに1、0からなる単純なベクトルを付与する方法を**One hot エンコーディング**といいます。なお、下図のように縦書きで表示することもあります。

$$
み = \begin{pmatrix} 1 \\ 0 \\ 0 \end{pmatrix}、た = \begin{pmatrix} 0 \\ 1 \\ 0 \end{pmatrix}、か = \begin{pmatrix} 0 \\ 0 \\ 1 \end{pmatrix}
$$

このニューラルネットワークの使い方を調べるために、試運転として次の**例題1**を考えてみましょう。

例題1 先に示したニューラルネットワークに、言葉「みかた」（見方）の「み」、「か」を入力したときの出力を算出してみましょう。

解 ▶2章で調べたニューラルネットワークと同じように計算して、文字「み」は次の表に従って処理されます。

層	入出力	入出力
入力層	入力	$\boxed{1}$ から、1文字目「み」 = $(1,\ 0,\ 0)$。 すなわち、$X_1 = 1$、$X_2 = 0$、$X_3 = 0$
	出力	上記の入力と同一
隠れ層	入力	H_1への入力の線形和 　$= 8.9 \cdot 1 + 10.3 \cdot 0 + 1.1 \cdot 0 - 10.6 = -1.7$ H_2への入力の線形和 　$= 5.6 \cdot 1 + 0 \cdot 0 + 9.3 \cdot 0 - 7.0 = -1.4$
	出力	H_1の出力 $= a(-1.7) = 0.15$、H_2の出力 $= a(-1.4) = 0.20$
出力層	入力	Z_1への入力の線形和 　$= 41.0 \cdot 0.15 + 44.7 \cdot 0.2 - 53.1 = -37.9$ Z_2への入力の線形和 　$= 0 \cdot 0.15 + 63.5 \cdot 0.2 - 60.2 = -47.64$ Z_3への入力の線形和 　$= 3.9 \cdot 0.15 + 0 \cdot 0.2 - 1.7 = -1.1$
	出力	Z_1の出力 $= a(-37.9) = 0$、Z_2の出力 $= a(-47.64) = 0$ Z_3の出力 $= a(-1.1) = \mathbf{0.25}$

なお、活性化関数 a はシグモイド関数（▶2章§2）を利用しています。

注 活性化関数の値は丸められているので、小数部に齟齬があることはご容赦ください。また、有効桁については考えていません。

表に示した出力層の結果から、「か」を検知するニューロン Z_3 の値（= 0.25）が最大となっています。

Z_1 の出力 = 0、Z_2 の出力 = 0、Z_3 の出力 = 0.25

「み」の入力に対しては、このニューラルネットワークは「か」を予測したことになります。

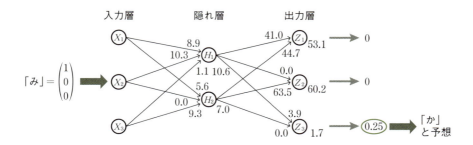

次に言葉「みかた」の2文字目「か」を入力してみましょう。先の表と同様に計算して、次の計算値が得られます。

Z_1 の出力 = 0、Z_2 の出力 = 0.08、Z_3 の出力 = 0.15

結果として、「か」を検知するニューロンの値（= 0.15）が最大となります。ニューラルネットワークは、「か」の入力には再び「か」を予測したことになります。

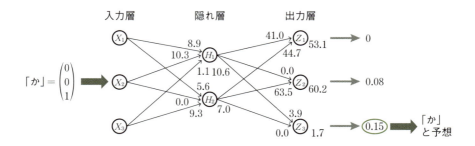

3章　ExcelでわかるRNN

以上が 例題1 の解答です。

この一連の計算から見えることは、このニューラルネットワークは 課題Ⅲ の求める答にはなっていないことです。その理由は簡単です。「みか」と入力しても、最初の文字「み」の入力情報がネットワークのどこにも残らないからです。▶2章で調べたようなニューラルネットワークでは、順序に意味のあるデータ（すなわち**時系列データ**）の処理は不可能なのです。

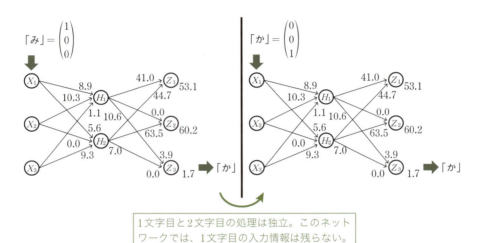

1文字目と2文字目の処理は独立。このネットワークでは、1文字目の入力情報は残らない。

▶ニューラルネットワークに記憶を持たせたRNN

では、順序に意味のあるデータはどう処理すればよいでしょうか。

その方法は意外に簡単です。上の2つの処理を結合すればよいのです。下図は、上記2つのニューラルネットワークを結合し、「**メモリー**」として働くニューロン C_1、C_2 を追加した例を示しています。

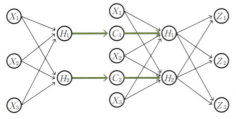

課題Ⅲ に対するリカレントニューラルネットワークの案の1つ。

隠れ層の処理結果を保持する「メモリー」役のニューロンC_1、C_2を用意し、1番目の隠れ層の出力をそのまま記憶させます。そして、2番目のデータを処理する際に、その「メモリー」の情報を受け取るのです。

この「メモリー」に相当するニューロンC_1、C_2を**コンテキストノード**と呼びます。そして、C_1、C_2をまとめて**状態層**（英語で**state layer**）と呼びます。

> 注 Cはcontextの頭文字。contextは英語の「文脈」の意。なお、ネットワーク内のニューロンをノード（node）とも言います。nodeは「結び目」「節」などの意味です。

コンテキストノードを追加することで、前の処理の結果が簡単に次の処理に引き渡せます。このような考え方で作成したニューラルネットワークを**リカレントニューラルネットワーク**（略して**RNN**）と呼びます。

> 注 RNNにはいくつものタイプがあります。ここでは、最も簡単な形を調べます。

▶リカレントニューラルネットワークを表す図

多くの文献では、左図のリカレントニューラルネットワークを次のように表現しています。

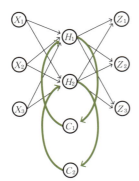

多くの文献で利用されているリカレントニューラルネットワークの図。左のリカレントニューラルネットワークの図を包含している。

このように描く理由は、時系列のデータが複雑な場合にも対応できるようにするためです。先に提示した 課題Ⅲ では、たかだか3文字の連続データですが、さらに文字数が増えると、再入力部分が簡単には描き切れなくなります。そこで、上記のような図を利用するわけです。

3章　ExcelでわかるRNN

　上記の図は、展開して表現すると、次図のようにも表せます。先のリカレントニューラルネットワークの図は、この図の左側の2つのブロックだけを用いています。

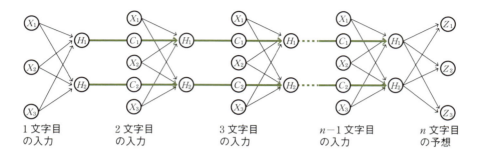

▶コンテキストノードの計算

　では、紹介したリカレントニューラルネットワークを用いて、 課題Ⅲ の解答を考えてみましょう。

> 例題2　次に示すリカレントニューラルネットワークが 課題Ⅲ の解答になっていることを、「みかた」（見方）の文字入力で確認してみましょう。

　ここで、コンテキストノード以外の重みと閾値は、 例題1 のニューラルネットワークと同じです。また、コンテキストノード C_1 に隠れ層 H_1 が課す重みは21.1です。C_2 に隠れ層 H_2 が課す重みは10.0です。

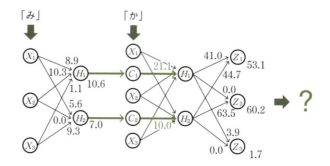

§1 RNNの考え方

注 コンテキストノード以外では、2文字目の処理部分の重みと閾値は左側の1文字目の処理の部分と同じです。

最初に、コンテキストノードの処理法を確認します。

> 1文字目の処理の隠れ層H_1の出力は、そのままコンテキストノードC_1に入力される。C_1は入力された値をそのまま出力する。2文字目の処理の隠れ層H_1は、そのC_1の出力に重み「21.1」を課し、2文字目の入力文字と並列して処理する。
> コンテキストノードC_2を処理する方法も同様である。

隠れ層H_1について、このことを図で確認しましょう。

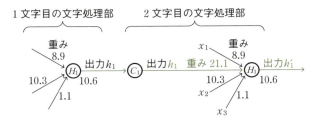

2文字目の処理の隠れ層H_1の入出力の関係式。その出力をh'_1とすると、
$$h'_1 = a(8.9x_1 + 10.3x_2 + 1.1x_3 + 21.1h_1 - 10.6)$$

小数値の意味は左記ネットワーク参照。また、h_1は1文字目の処理の隠れ層H_1の出力、aは活性化関数。

以上の確認の下で、**例題2**を調べてみます。

解 上記の処理法の確認に従って、「みか」と入力された文字列の1文字目「み」がどのように処理されるか、調べてみましょう。この1文字目の「み」の入力に対する計算方法は、**例題1**で調べたネットワークと形が同じなので、処理は同一です（**例題1**の表）。

3章　ExcelでわかるRNN

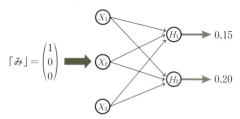

H_1の出力 $= 0.15$、H_2の出力 $= 0.20$

最初の文字処理は 例題1 と同じ。

次に、2文字目「か」について調べます。ここがリカレントニューラルネットワーク特有になります。表にまとめましょう。

2文字目「た」の処理

層	入出力	入出力
入力層	入力	コードの式 1 から、1文字目「か」= (0, 0, 1)
	出力	上記の入力と同一
状態層	入力	C_1への入力 = 1文字目の隠れ層 H_1 の出力 = 0.15 C_2への入力 = 1文字目の隠れ層 H_2 の出力 = 0.20
	出力	上記の入力と同一
隠れ層	入力	H_1への入力の線形和 $= (8.9 \cdot 0 + 10.3 \cdot 0 + 1.1 \cdot 1) + 21.1 \cdot 0.15 - 10.6 = -6.24$ H_2への入力の線形和 $= (5.6 \cdot 0 + 0 \cdot 0 + 9.3 \cdot 1) + 10.0 \cdot 0.20 - 7.0 = -4.28$
	出力	H_1の出力 $= a(-6.24) = 0$、H_2の出力 $= a(4.28) = 0.99$
出力層	入力	Z_1への入力の線形和 $= 41.0 \cdot 0 + 44.7 \cdot 0.99 - 53.1 = -8.93$ Z_2への入力の線形和 $= 0 \cdot 0 + 63.5 \cdot 0.99 - 60.2 = 2.43$ Z_3への入力の線形和 $= 3.9 \cdot 0 + 0 \cdot 0.99 - 1.7 = -1.69$
	出力	Z_1の出力 $= a(-8.93) = 0.00$ Z_2の出力 $= a(2.43) = 0.92$ Z_3の出力 $= a(-1.69) = 0.16$

注 活性化関数 a はすべてシグモイド関数（▶2章§2）を利用しています。活性化関数の値は丸められているので、小数部に齟齬があることはご容赦ください。また、また、有効桁については考えていません。

以上が 例題2 の解答です。

結果を見てみましょう。「た」を検知するニューロン値Z_2の値が最大となっています。この入力システムは、「み」「か」と連続して入力した次に、正解の「た」を予測したことになります。コンテキストノードという新たなニューロンを用意することで、目的の予測ができたのです！

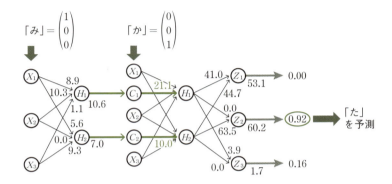

もう一例を確認

たった1つの例では「偶然でしょう！」と思われるかもしれません。そこで、もう1文字「かみた」(蚊見た)で調べてみましょう。同様に計算して、次の出力層の値が得られます。

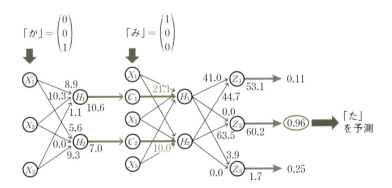

Z_1の出力 = 0.11、Z_2の出力 = 0.96、Z_3の出力 = 0.25 … ②

　最大の値は「た」に反応するニューロンZ_2です。「かみた」（蚊見た）の最初の2文字「かみ」を入力すると、最後の文字「た」が予測されたわけです。
　例題2とこの例の結果②が示すように、コンテキストノードを導入したニューラルネットワークは、順序に意味のあるデータの予測を可能にします。コンテキストノードが記憶の働きをするからです。

▶パラメーターの決め方はニューラルネットワークと同じ

　これまで用いてきたネットワークのパラメーター（重みと閾値）は恣意的です。次節（▶§3）の結果を先取りしているのです。ここでは、そのパラメーターの決め方の考え方だけを予習しましょう。
　考え方は▶2章で調べたニューラルネットワークと同じです。「予測したい最後の文字」を「正解ラベル」にし、それよりも前に入力する文字列を「予測材料」として用いるのです。

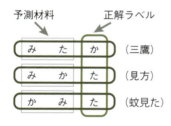

リカレントニューラルネットワークを用いた文字予測では、最後の文字を正解ラベルとして利用する。

注 予測材料と正解ラベルについては、▶2章§3を参照してください。

　具体的に調べましょう。
　例えば、上記②を見てください。「蚊見た」を入力するために「かみ」と入力したとき、3文字目としてリカレントニューラルネットワークが算出した理論値です。ところで、正解の3文字目は「た」です。

Z_1の正解 = 0、Z_2の正解 = 1、Z_3の正解 = 0 … ③

2と3を見比べて、理論と正解との平方誤差eは次のように表せます。

$$e = (Z_1-0)^2 + (Z_2-1)^2 + (Z_3-0)^2 = (0.11-0)^2 + (0.96-1)^2 + (0.25-0)^2$$
$$= 0.0762\cdots \fallingdotseq 0.08$$

本節 課題Ⅲ が提供するすべての言葉について、同じように計算して平方誤差を求めます。すると、すべてを加え合わせたものが目的関数の値になります。この目的関数を最小にするパラメーター（すなわち、重みと閾値）を求めれば、リカレントニューラルネットワークが定められるわけです。正統な最適化の手順を踏めば、パラメーターの値が得られるのです。

> **MEMO　リカレントニューラルネットワークの図示**
>
> 本書では、理解のしやすさのために。リカレントニューラルネットワークを下図左のように表示しました。また、多くの文献では、これを下図右のように表現することも調べました。
>
>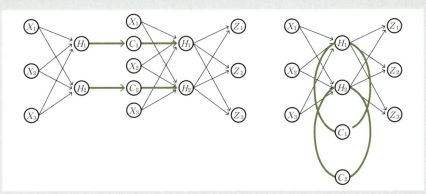
>
> ところで、リカレントニューラルネットワークの表現として、この右図を左に90°回転し、さらに簡素化した次の図（下図左）もよく利用されます（右はその展開図）。
>
>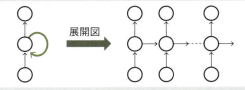

3章　ExcelでわかるRNN

§2 リカレントニューラルネットワークを式で表現

　前の節では、 課題Ⅲ を通して、リカレントニューラルネットワークの考え方を具体的に調べました。本節では、その具体例を式で追ってみましょう。ニューラルネットワークのときと同様、数式に整理しておくと、一般化するのが容易だからです。

注 数式をうっとうしく思われる読者は本節を軽く流すだけで大丈夫です。次節で、Excelが視覚的に説明してくれます。

▶ 具体的な課題で考える

　前節（▶ §1）では、与えられた（すなわち、やらせの）重みや閾値を利用して、話を進めました。実際にはどのようにそれらを算出できるのでしょうか。しくみを数式で追ってみましょう。前節と同じ次の簡単な 課題Ⅲ を利用して、具体的に調べてみます。

課題Ⅲ 3文字「み」「た」「か」を対象に、次の表にある「読み」の最後尾の文字が、「入力文字」から予測されるリカレントニューラルネットワークを作りましょう。

言葉（読み）	入力文字	最後尾の文字
三鷹（みたか）	「み」「た」	か
見方（みかた）	「み」「か」	た
民か（たみか）	「た」「み」	か
高見（たかみ）	「た」「か」	み
蚊見た（かみた）	「か」「み」	た
形見（かたみ）	「か」「た」	み
鷹（たか）	「た」	か
美佳（みか（人名））	「み」	か

112

§2 リカレントニューラルネットワークを式で表現

▶ §1でも示しましたが、この課題は次の画面例を提供するリカレントニューラルネットワークを作成することが目的です。

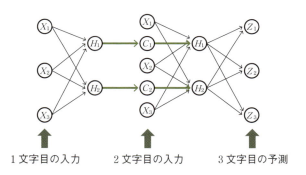

この節でも、前節(▶ §1)と考えたのと同じリカレントニューラルネットワーク(下図)を利用します。各部分の役割を確認してください。

▶ 数式化の準備

これも前節(▶ §1)と同じですが、入力層に入力する文字データ「み」「た」「か」は次の形式で入力されるものとします。

み＝(1, 0, 0)、た＝(0, 1, 0)、か＝(0, 0, 1)

前節(▶ §1)で調べたように、このような単純なベクトルをデータに付与する方法を **One hot エンコーディング** といいます。次図のように縦書きで表示する方が、いまの場合、見やすいかもしれません。

3章 ExcelでわかるRNN

$$み = \begin{pmatrix} 1 \\ 0 \\ 0 \end{pmatrix}、た = \begin{pmatrix} 0 \\ 1 \\ 0 \end{pmatrix}、か = \begin{pmatrix} 0 \\ 0 \\ 1 \end{pmatrix}$$

ニューロン名とその出力の名称は次の表のように定義します。

<ニューロンとその出力の名称>

層	ニューロン名	ニューロンの出力
入力層	X_1、X_2、X_3	順に、x_1、x_2、x_3
隠れ層	H_1、H_2	順に、h_1、h_2
状態層	C_1、C_2	順に、c_1、c_2
出力層	Z_1、Z_2、Z_3	順に、z_1、z_2、z_3

リカレントニューラルネットワークを決定するパラメーター（重みと閾値）は下図のように位置づけます。

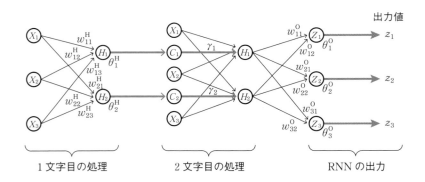

注 矢の先端にあるのが重み、ニューロンを表す円の右下にあるのが閾値。「2文字目の処理」部分の重みと閾値は、1文字目と同じ。コンテキストノードC_1、C_2にH_1、H_2が課す重みはγ_1、γ_2とします。

このリカレントニューラルネットワークの図の中で利用されている記号の意味を表にまとめましょう。基本的には、▶2章で調べたニューラルネットワークのときと変わるところはありませんが、コンテキストノードに関する箇所には留意してください。

<パラメーターの名称>

記号名	意味
w_{ji}^H	隠れ層のニューロンH_jが入力層ニューロンX_iに課す重み（$i=1, 2, 3、j=1, 2$）。
w_{kj}^O	出力層のニューロンZ_kが隠れ層のニューロンH_jに課す重み（$j=1, 2、k=1, 2, 3$）。
θ_j^H	隠れ層のニューロンH_jの閾値（$j=1, 2$）。
θ_k^O	出力層のニューロンZ_kの閾値（$k=1, 2, 3$）。
s_j^H	隠れ層のニューロンH_jへの入力の線形和（$j=1, 2$）。
s_k^O	出力層のニューロンZ_kへの入力の線形和（$k=1, 2, 3$）。
γ_j	隠れ層のニューロンH_jが状態層のノードC_jへ課す重み（$j=1, 2$）。

▶ニューロンの入出力を数式で表現

　左図リカレントニューラルネットワークの「2文字目の処理」部分の入力層・隠れ層について、入出力の関係式を作成してみましょう。

注 1文字目の処理については、▶2章で調べたニューラルネットワークと同様です。

　この2文字目の処理についても、▶2章のニューラルネットワークのときと基本的に同じです。▶2章と異なるコンテキストノードC_1、C_2に関しては、次の規則に従います。

> 前の文字処理から生まれた隠れ層H_jの出力h_jは、そのままコンテキストノードC_jに入力される。その次の文字処理のための隠れ層H_jはそのC_jの出力h_jに重みγ_jを課す（$j=1, 2$）。

上の「規則」の図示

　このことは、前節（▶§1）でも具体的に調べました。記号が多くわかりにくいと思われるときには、その箇所を参照してください。
　では、約束した記号で、2文字目のための各ニューロンに対する入出力の関係を表現してみましょう。

3章　ExcelでわかるRNN

注 a_1、a_2 は活性化関数を表します。層ごとに異なる形が許されます。ただし、本節では共にシグモイド関数を利用しています。

＜入出力の関係＞

層	入出力	入出力
入力層	入力	$(x_1,\ x_2,\ x_3)$ $(x_1$、x_2、x_3 のどれかが1、他は0)
	出力	上記の入力と同一
状態層	入力	C_j への入力＝前の文字の隠れ層 H_j の出力 h_j $(j=1,\ 2)$
	出力	上記の入力と同一。すなわち c_j＝前の文字処理の h_j
隠れ層	入力	H_j への入力の線形和 s_j^{H} $$=(w_{j1}^{\mathrm{H}}x_1+w_{j2}^{\mathrm{H}}x_2+w_{j3}^{\mathrm{H}}x_3)+\gamma_j c_j-\theta_j^{\mathrm{H}}\quad(j=1,\ 2)\ \cdots\boxed{1}$$
	出力	$h_j=a_1\left(s_j^{\mathrm{H}}\right)\ (j=1,\ 2)\ \cdots\boxed{2}$
出力層	入力	Z_k への入力の線形和 s_k^{O} $$=(w_{k1}^{\mathrm{O}}h_1+w_{k2}^{\mathrm{O}}h_2)-\theta_k^{\mathrm{O}}\quad(k=1,\ 2,\ 3)\ \cdots\boxed{3}$$
	出力	Z_k の出力 $z_k=a_2\left(s_k^{\mathrm{O}}\right)\ (k=1,\ 2,\ 3)\ \cdots\boxed{4}$

　プログラミング言語でネットワークを表現する際には、この表に示した式は大切な指針となります。しかし、Excelで作成する際には、式よりも、その作り方を理解しておくことが大切です。

▶訓練データの準備

　リカレントニューラルネットワークのパラメーター（すなわち重みと閾値）を決定するには、ニューラルネットワークで調べたのと同じ考え方に沿います。この **課題Ⅲ** では、予測材料と正解ラベルを、次のように与えます。

注 予測材料と正解ラベルについては、▶2章§3を参照してください。

予測材料	正解ラベル	（参考）言葉
「み」「た」	か	三鷹（みたか）
「み」「か」	た	見方（みかた）
「た」「み」	か	民か（たみか）
「た」「か」	み	高見（たかみ）
「か」「み」	た	蚊見た（かみた）
「か」「た」	み	形見（かたみ）
「た」	か	鷹（たか）
「み」	か	美佳（みか（人名））

116

▶具体的に式で表してみる

　訓練データの中の1つの言葉「みかた」(「見方」の読み)の入力を例にして、リカレントニューラルネットワークの出力を調べます。▶§1でも調べましたが、ここでは記号を用いてもう少し一般的に調べます。

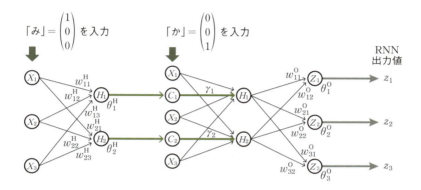

　なお、最初の文字と2番目の文字の処理に同じ記号を使うと混乱してしまいます。そこで、以下では、各層の入出力について、最初の文字処理については[1]を、2番目の文字処理については[2]を、記号の後に付けることにします。

例1 $s_1^H[1]$ は1文字目の処理のための隠れ層に入力される「入力の線形和」を表します。

例2 $c_1[2]$ は2文字目のコンテキストノードの出力を表します。ちなみに、$c_1[1]$ は1文字目のコンテキストノードの出力ですが、存在しないので0とします。

　では、最初の文字「み」について調べます。先に示した**＜入出力の関係＞**の表から、次のように処理されます。

3章　ExcelでわかるRNN

＜最初の文字「み」の処理＞

層	入出力	入出力
入力層	入力	$(x_1[1], x_2[1], x_3[1]) = (1, 0, 0)$
	出力	上記入力と同一
状態層	入力	入力はない
	出力	（入力がないので）$c_1[1] = 0$、$c_2[1] = 0$
隠れ層	入力	$s_1^H[1] = (w_{11}^H \cdot 1 + w_{12}^H \cdot 0 + w_{13}^H \cdot 0) + \gamma_1 \cdot 0 - \theta_1^H$ $= w_{11}^H \cdot 1 - \theta_1^H$ $s_2^H[1] = (w_{21}^H \cdot 1 + w_{22}^H \cdot 0 + w_{23}^H \cdot 0) + \gamma_2 \cdot 0 - \theta_2^H$ $= w_{21}^H \cdot 1 - \theta_2^H$
	出力	$h_1[1] = a_1(s_1^H[1])$、$h_2[1] = a_1(s_2^H[1])$

　こうして、最初の文字「み」の処理が終わりました。最初の文字の処理には、当然コンテキストノードの影響はありません。

　同様にして、2番目の文字「か」は次のように処理されます。

＜2番目の文字「か」の処理＞

層	入出力	入出力
入力層	入力	$(x_1[2], x_2[2], x_3[2]) = (0, 0, 1)$
	出力	上記の入力と同一
状態層	入力	$c_1[2] = h_1[1]$、$c_2[2] = h_2[1]$
	出力	上記の入力と同一
隠れ層	入力	$s_1^H[2] = (w_{11}^H \cdot 0 + w_{12}^H \cdot 0 + w_{13}^H \cdot 1) + \gamma_1 \cdot c_1[2] - \theta_1^H$ $= w_{13}^H + \gamma_1 \cdot c_1[2] - \theta_1^H$ $s_2^H[2] = (w_{21}^H \cdot 0 + w_{22}^H \cdot 0 + w_{23}^H \cdot 1) + \gamma_2 \cdot c_2[2] - \theta_2^H$ $= w_{23}^H + \gamma_2 \cdot c_2[2] - \theta_2^H$
	出力	$h_1[2] = a_1(s_1^H[2])$、$h_2[2] = a_1(s_2^H[2])$

　2番目の文字の隠れ層までの計算が終了しました。ここで、コンテキストノードの出力$c_1[2]$、$c_2[2]$がどのように扱われているかに着目してください。

　以上から、リカレントニューラルネットワークの出力は次のように求められます。

＜2番目の文字「か」のRNNの出力＞

層	入出力	入出力
出力層	入力	$s_1^O = (w_{11}^O h_1[2] + w_{12}^O h_2[2]) - \theta_1^O$ $s_2^O = (w_{21}^O h_1[2] + w_{22}^O h_2[2]) - \theta_2^O$ $s_3^O = (w_{31}^O h_1[2] + w_{32}^O h_2[2]) - \theta_3^O$
	出力	$z_1 = a_2(s_1^O)$、$z_2 = a_2(s_2^O)$、$z_3 = a_2(s_3^O)$

▶ 最適化のための目的関数を求める

　訓練データの中の1つの言葉「みかた」（見方）を例にして、リカレントニューラルネットワークの出力z_1、z_2、z_3を求めました。ところで、この出力と正解との誤差はどのように表現できるでしょうか。

　この「みかた」の例では、正解は「た」で、次のように表現されます。

　　「た」＝ (0, 1, 0)

　出力層のニューロンZ_1、Z_2、Z_3は順に「み」、「か」、「た」を検出するためのものです。そこで、前章（▶2章）のニューラルネットワークのときと同様、出力と正解との平方誤差eは次のように表現できます。

　　誤差$e = (0 - z_1)^2 + (1 - z_2)^2 + (0 - z_3)^2$

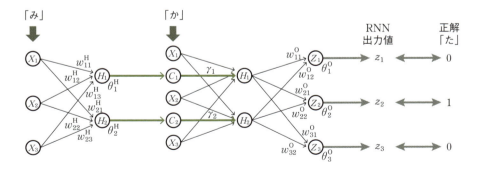

　この誤差eをすべての訓練データについて合計すれば、目的関数E_Tが求められます。

目的関数 E_T ＝上記 e の総合計 … $\boxed{5}$

▶ 最適化は目的関数の最小化

こうして目的関数 $\boxed{5}$ が求められました。これを最小化することで、パラメーター（重みと閾値）が得られます。これを「最適化」と呼ぶことはすでに調べました（▶1章§4、▶2章§3）。数学的にはこの操作が面倒なのですが、本書はこの部分を Excel に任せます。

MEMO Elman 型と Jordan 型

本章で扱ったリカレントニューラルネットワークの形以外にも、いくつかの形があります。本章で考えた形はエルマン（Elman）型と呼ばれる、最も古典的な形式です。もうひとつ古典的なものにジョルダン（Jordan）型と呼ばれるものもあります。

エルマン型は隠れ層のニューロン出力を再入力に利用しました。それに対して、ジョルダン型は出力層のニューロン出力を再入力に利用します。

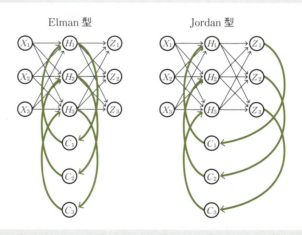

リカレントニューラルネットワークには、このようなシンプルな形以外にも、様々に進化した形が考えられています。読者の皆様も独創的な新 RNN の作成に挑戦してみてください。

§3 Excelでわかるリカレント ニューラルネットワーク

これまでの節では、リカレントニューラルネットワークのしくみとその数式表現を調べてきました。以上の準備の下に、実際にリカレントニューラルネットワークをExcelで決定してみましょう。

▶ 具体例で考える

次を予測できるリカレントニューラルネットワークの例として、これまで調べてきた以下の課題を考えます。この課題の意味については、詳しく調べてきました。

課題Ⅲ 3文字「み」「た」「か」を対象に、次の表にある「読み」の最後尾の文字が、「入力文字」から予測されるリカレントニューラルネットワークを作りましょう。

言葉（読み）	入力文字	最後尾の文字
三鷹（みたか）	「み」「た」	か
見方（みかた）	「み」「か」	た
民か（たみか）	「た」「み」	か
高見（たかみ）	「た」「か」	み
蚊見た（かみた）	「か」「み」	た
形見（かたみ）	「か」「た」	み
鷹（たか）	「た」	か
美佳（みか（人名））	「み」	か

注 本例題のワークシートは、例題1～例題8については、ダウンロードサイト（→10ページ）のサンプルファイル「3.xlsx」にある「最適化前」タブに収められています。

121

3章 ExcelでわかるRNN

それでは、例題形式で順を追って調べていきましょう。リカレントニューラルネットワークは、これまで同様、次の形を利用します。

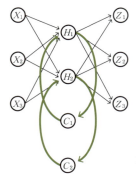

本課題で利用するリカレントニューラルネットワーク。
この図の意味については、▶§1を参照してください。

最初に「みかた」(見方)という言葉の処理を例にして、一覧表示します。この図に付した例題で各部を見ていきます。

▶文字のコード化と言葉の分解

最初に利用文字をコード化しましょう。

例題1 課題Ⅲで用いる3文字「み」「た」「か」を数値コードとして表現しましょう。

解 3文字を下図左側のようにテーブルとして表現しましょう(▶§1)。

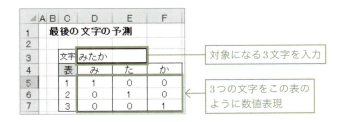

例題2 課題Ⅲで与えられた言葉を文字に分解し、例題1で定義した文字コードで表現しましょう。

解 対象となる言葉(下図の例は「みかた」)をセットし、1文字ずつに分解し、コードで表現します。ここで例題1で作成した文字コードが用いられます。

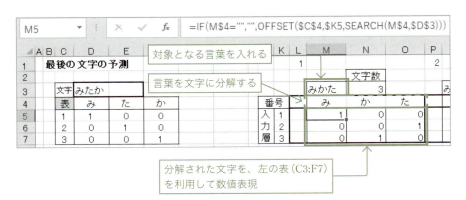

3章　ExcelでわかるRNN

▶パラメーターの初期値を設定

　ニューラルネットワークで調べたように（▶2章§5）、ネットワークが利用するパラメーター（重みと閾値）に初期値を与える必要があります。

> 例題3　重みと閾値の初期値を設定しましょう。

　解　リカレントニューラルネットワークのパラメーター（重みと閾値）の初期値を設定します。初期値がないと、Excelの関数がエラーになるからです。このことは、ニューラルネットワークの場合と同じです。

			1	2	3	C	閾値
8	重みと閾値						
9			1	2	3	C	閾値
10	隠	1	0.6	0.8	0.5	1.3	1.4
11	層	2	0.3	0.5	0.6	1.7	1.8
12							
13			1	2	閾値		
14	出	1	1.2	1.8	1.2		
15	力	2	0.1	1.6	1.2		
16	層	3	0.7	1.6	0.2		

適当に数字を割り振る。後の計算結果は、この初期値に大きく依存する

　最適化の結果はこの初期値に大きく依存します。そこで、期待の値が得られないときには、色々な初期値をランダムに設定し、何回も再計算する必要があります。

▶1文字目の計算の確認

　前節で調べた**＜入出力の関係＞**（116ページ）に従って計算を進めます。 例題2 で用いた「みかた」を例にして話を進めましょう。

> 例題4　 例題2 で言葉を文字に分解しましたが、その最初の文字について、各ニューロンの出力を計算しましょう。

解 ▶§1で調べたアイデアに従って、または▶§2で調べた関係式を利用して、各言葉の1文字目の処理を実行してみましょう。ここで、「みかた」(見方)と入力する場合を考え、まず1文字目「み」の処理を実行します。

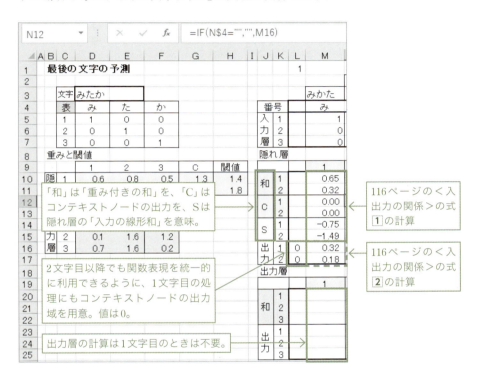

注 「重み付きの和」については▶2章§1、§2を参照してください。なお、116ページの関係式は、コンテキストノードの値を0とすることで、1文字目にもそのまま利用できます。

▶2文字目の計算の確認

コンテキストノードを介して、1文字目の隠れ層の出力がどのように2文字目の処理に取り入れられるかを、Excelのワークシートで確認しましょう。

3章　ExcelでわかるRNN

> **例題5** **例題2**では言葉を文字に分解しましたが、その2文字目の文字について、各ニューロンの出力を計算しましょう。

注 **課題Ⅲ**が提示した言葉「たか」（鷹）、「みか」（美佳）については、2文字なので、**例題4**の結果からリカレントニューラルネットワークの出力を求め、**例題6**のように誤差を算出します。その方法は従来のニューラルネットワーク（▶2章）と同様です。ダウンロードしたワークシートをご覧ください。

解 **例題4**に引き続いて、ここでも「みかた」（見方）と入力したい場合を考えます。▶§1で調べたアイデアに従って、または▶§2で調べた式を利用して、次のように2文字目「か」の処理を実行してみます。

| N14 | | | ⋮ | ✕ | ✓ | *fx* | =IF(N$4="","",N10+$G$10*N12-$H$10) |

（スプレッドシート図）

	A	B	C	D	E	F	G	H	I	J	K	L	M	N
1		**最後の文字の予測**											1	
2														文字数
3			文字	みたか									みかた	3
4			表	み	た	か				番号			み	か
5			1	1	0	0			入	1			1	0
6			2	0	1	0			力	2			0	0
7			3	0	0	1			層	3			0	1
8		重みと閾値								隠れ層				
9				1	2	3	C	閾値					1	2
10		隠	1	0.6	0.8	0.5	1.3	1.4		和	1		0.65	0.51
11		層	2	0.3	0.5	0.6	1.7	1.8			2		0.32	0.64
12										○	1		0.00	0.32
13				1	2						2		0.00	0.18
14		出	1	1.2	1.8					S	1		-0.75	-0.47
15		力	2	0.1	1.6						2		-1.49	-0.86
16		層	3	0.7	1.1					出	1	0	0.32	0.38
17										力	2	0	0.18	0.30
18										出力層				
19													1	2
20											1			-0.19
21										和	2			-0.71
22											3			0.51
23										出	1			0.45
24										力	2			0.33
25											3			0.63

吹き出し:
- 116ページの＜入出力の関係＞の式①の計算
- 1文字目の処理をした隠れ層の出力が入る
- 116ページの＜入出力の関係＞の式②の計算
- 116ページの＜入出力の関係＞の式③④の計算

　この計算の結果から、リカレントニューラルネットワークの出力結果が得られます。

126

§3 Excelでわかるリカレントニューラルネットワーク

Z_1の出力 = 0.45、Z_2の出力 = 0.33、Z_3の出力 = 0.63

現在は仮の重みや閾値なので、これらの値には意味がありませんが、導出法は理解されたと思います。

例題6 出力層の出力と正解ラベルとの平方誤差eを算出しましょう。

解 リカレントニューラルネットワークの出力は理論値です。その理論値が正解とどれくらい乖離しているかを調べます。

例題4 例題5 に続いて、「みかた」（見方）と入力したい場合を考えます。このとき、「みか」から「た」を予想したいので、その「た」が正解となります。そこで、リカレントニューラルネットワークの出力した出力と正解「た」との差の平方和を平方誤差eと考えます（▶§1、▶§2）。

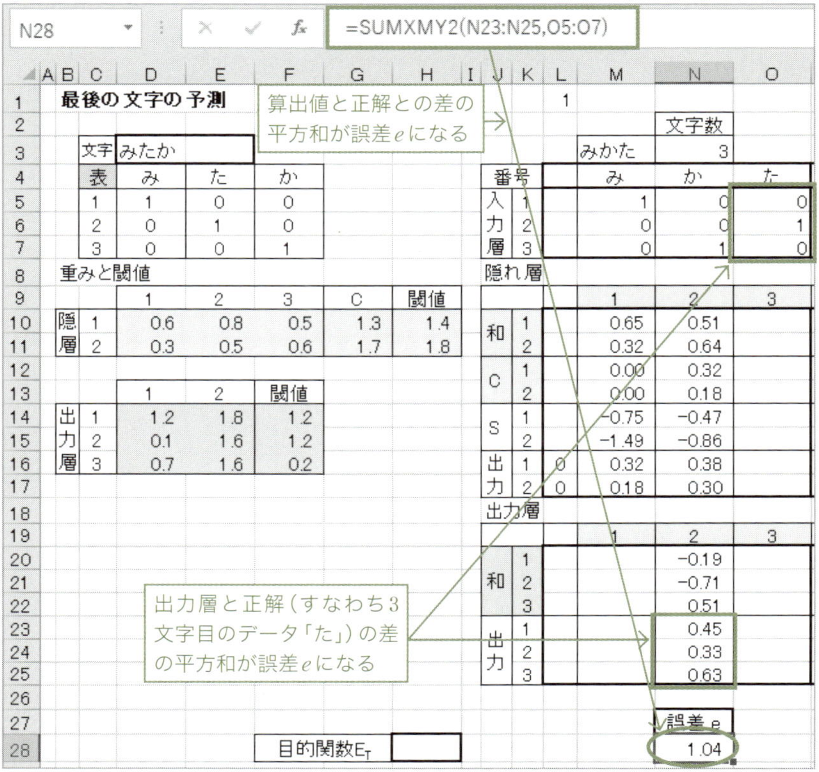

127

3章　ExcelでわかるRNN

注 例題5 に注記したように、2文字言葉「たか」(鷹)、「みか」(美佳)については、1文字目の処理から誤差を算出します。

例題7 目的関数の値を求めてみましょう。

解 例題6 で求めた平方誤差を、課題Ⅲ で挙げられたすべての言葉について加え合わせます。これが目的関数 E_T の値となります。なお、最適化操作を行っていないので、得られる値自体には意味はありません。

| H28 | ▼ | : | × | ✓ | f_x | =SUM(M28:AQ28) |

	F	G	H	I	J	K	L	M	N	O	P	Q	R	S
18						出力層								
19								1	2	3		1	2	3
20						和	1		−0.19				−0.17	
21							2		−0.71				−0.74	
22							3		0.51				0.51	
23						出力	1		0.45				0.46	
24							2		0.33				0.32	
25							3		0.63				0.63	
26														
27								誤差 e				誤差 e		
28	目的関数E_T		5.41					1.04				0.45		

平方誤差 e の総和が目的関数の値

例題8 例題7 で得られた目的関数を利用して、リカレントニューラルネットワークの最適化を実行してみましょう。

解 先の 例題7 で求めた目的関数のセルを対象に、ソルバーを利用して最適化を実行します。

§3 Excelでわかるリカレントニューラルネットワーク

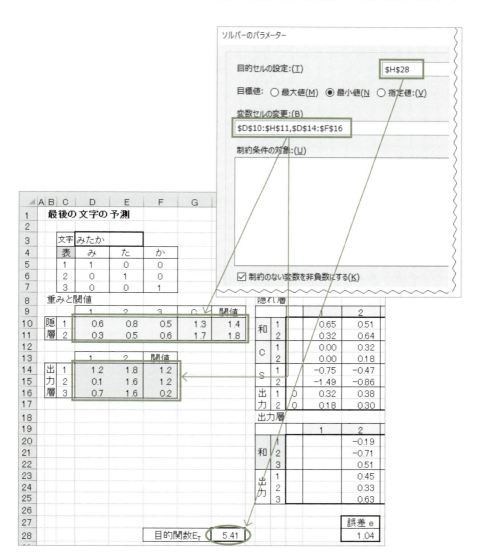

設定が完了したなら、ソルバーを実行してみましょう。次の図の結果が得られます。

3章 ExcelでわかるRNN

	A	B	C	D	E	F	G	H
8		重みと閾値						
9				1	2	3	C	閾値
10		隠	1	8.9	10.3	1.1	21.1	10.6
11		層	2	5.6	0.0	9.3	10.0	7.0
12								
13				1	2	閾値		
14		出	1	41.0	44.7	53.1		
15		力	2	0.0	63.5	60.2		
16		層	3	3.9	0.0	1.7		

→ 最適化された重みと閾値。初期値を変えると変化することに注意

| 28 | 目的関数 Q_T | 1.40 |

→ 極小化された目的関数の値（最小である保証はない）

注 本例題のワークシートは、ダウンロードサイト（→10ページ）のサンプルファイル「3.xlsx」にある「最適化済」タブに収められています。

完成したリカレントニューラルネットワークを示してみましょう。これが前節▶§1に示したパラメーターの値なのです。

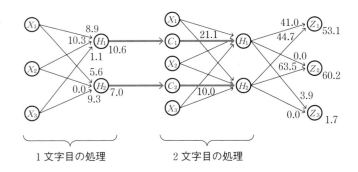

注 矢の先端にあるのが重み、ニューロンの円の右下にあるのが閾値。「2文字目の処理」部分の入力層・隠れ層の重みと閾値は、1文字目と同じ。

この図からわかるように、コンテキストノードに対する重みは大変大きな値です。コンテキストノードはしっかりと1文字目の記憶を3文字目に伝えているわけです。

例題9 最適化が済んだリカレントニューラルネットワークを用いて、それが正しく動作するか確認してみましょう。

注 本例題のワークシートは、ダウンロードサイト（→10ページ）のサンプルファイル「3.xlsx」にある「テスト」タブに収められています。

解 例題8 で算出した重みと閾値で定まったリカレントニューラルネットワークを利用して、言葉の最後尾の文字を予測してみましょう。

次の図は「みかた」（見方）と入力するつもりで「みか」と入力した図です。「た」を検知する出力層2番目のニューロンの出力が最大になっています。正しく「た」を予測しています。

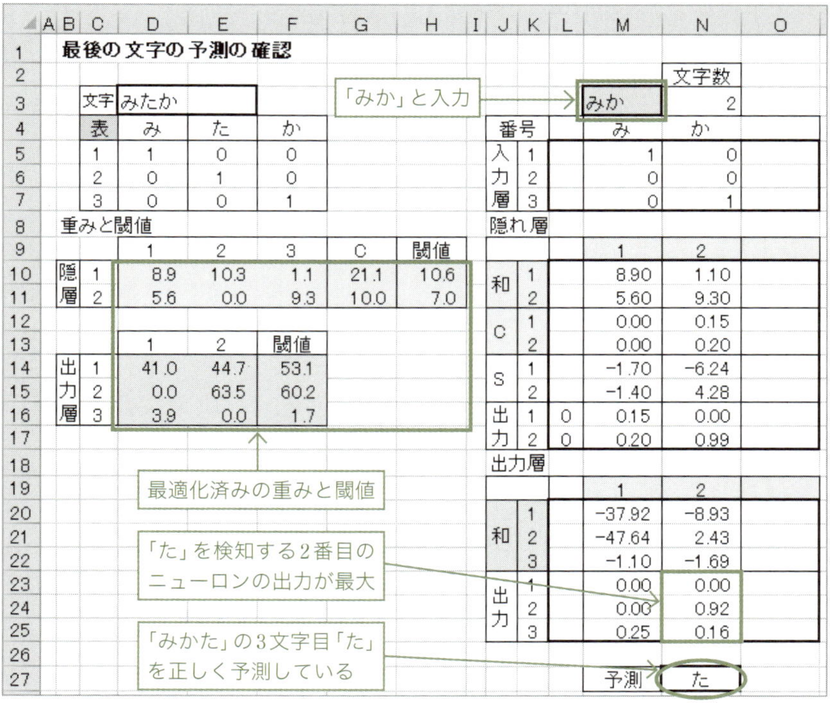

			1	2	3	C	閾値					1	2	
1		最後の文字の予測の確認												
2													文字数	
3		文字	みたか			「みか」と入力 →				みか				2	
4		表	み	た	か			番号			み		か	
5		1	1	0	0			入	1		1		0	
6		2	0	1	0			力	2		0		0	
7		3	0	0	1			層	3		0		1	
8		重みと閾値						隠れ層						
9			1	2	3	C	閾値				1		2	
10	隠	1	8.9	10.3	1.1	21.1	10.6	和	1		8.90		1.10	
11	層	2	5.6	0.0	9.3	10.0	7.0		2		5.60		9.30	
12								C	1		0.00		0.15	
13			1	2	閾値				2		0.00		0.20	
14	出	1	41.0	44.7	53.1			S	1		-1.70		-6.24	
15	力	2	0.0	63.5	60.2				2		-1.40		4.28	
16	層	3	3.9	0.0	1.7			出	1	0	0.15		0.00	
17								力	2	0	0.20		0.99	
18								出力層						
19		最適化済みの重みと閾値									1		2	
20								和	1		-37.92		-8.93	
21									2		-47.64		2.43	
22		「た」を検知する2番目の							3		-1.10		-1.69	
23		ニューロンの出力が最大						出	1		0.00		0.00	
24								力	2		0.00		0.92	
25		「みかた」の3文字目「た」							3		0.25		0.16	
26		を正しく予測している												
27									予測		た			

3章　ExcelでわかるRNN

　同様のことを別の例で確かめてみます。次の図は「みたか」（三鷹）と入力する
つもりで「みた」と入力した図です。「か」を検知する出力層3番目のニューロン
の出力が最大になっています。正しく「か」を予測しています。

			最後の文字の予測の確認												
													文字数		
		文字	みたか			「みた」と入力 →			みた				2		
		表	み	た	か		番号		み		た				
		1	1	0	0		入	1	1		0				
		2	0	1	0		力	2	0		1				
		3	0	0	1		層	3	0		0				
	重みと閾値						隠れ層								
			1	2	3	C	閾値		1		2				
	隠	1	8.9	10.3	1.1	21.1	10.6	和	1	8.90		10.30			
	層	2	5.6	0.0	9.3	10.0	7.0		2	5.60		0.00			
								C	1	0.00		0.15			
			1	2	閾値				2	0.00		0.20			
	出	1	41.0	44.7	53.1			S	1	−1.70		2.96			
	力	2	0.0	63.5	60.2				2	−1.40		−5.02			
	層	3	3.9	0.0	1.7			出	1	0	0.15		0.95		
								力	2	0	0.20		0.01		
				学習済みの重みと閾値				出力層								
									1		2				
			出力層で最大な値は、					和	1	−37.92		−13.83			
			「か」を検知する3番目の						2	−47.64		−59.78			
			ニューロンが実現						3	−1.10		2.01			
								出	1	0.00		0.00			
			「みたか」の3文字目「か」					力	2	0.00		0.00			
			を正しく予測している						3	0.25		0.88			
									予測 →	か					

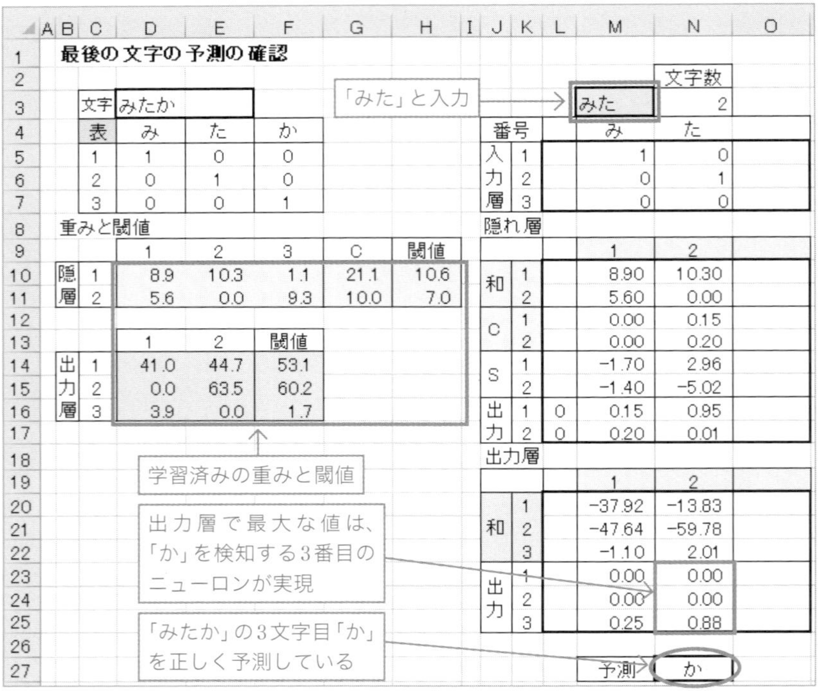

> **MEMO　勾配消失**
>
> 　誤差逆伝播法と呼ばれる数学を用いて、多層のRNNモデルを計算すると、古い情報が
> 発散してしまうという問題が指摘されています。これを**勾配消失**と呼びます。この現象を
> 回避するための様々な工夫が考え出されています。その中でも、LSTMと呼ばれるモデル
> が有名です。

　同様のことを、今度は2文字の例で確かめてみましょう。次の図は「みか」（美
佳（人の名））と入力するつもりで「み」と入力した図です。「か」を検知する出力
層3番目のニューロンの出力が最大になっています。正しく「か」を予測していま
す。

§3 Excelでわかるリカレントニューラルネットワーク

最後の文字の予測の確認

文字 みたか

表	み	た	か
1	1	0	0
2	0	1	0
3	0	0	1

重みと閾値

		1	2	3	C	閾値
隠層	1	8.9	10.3	1.1	21.1	10.6
	2	5.6	0.0	9.3	10.0	7.0

		1	2	閾値
出力層	1	41.0	44.7	53.1
	2	0.0	63.5	60.2
	3	3.9	0.0	1.7

学習済みの重みと閾値

出力層で最大な値は、「か」を検知する3番目のニューロンが実現

「みか」の2文字目「か」を正しく予測している

「み」と入力 → み　　文字数 1

番号	み
入力層 1	1
2	0
3	0

隠れ層

		1	2
和	1	8.90
	2	5.60
C	1	0.00
	2	0.00
S	1	-1.70
	2	-1.40
出力	1	0	0.15
	2	0	0.20

出力層

		1	2
和	1	-37.92
	2	-47.64
	3	-1.10
出力	1	0.00
	2	0.00
	3	0.25

予測　か

この「みか」の処理は従来のニューラルネットワークと同一です。リカレントニューラルネットワークは古典的なニューラルネットワークを包含しているとことが確かめられます。

▶ 重みに負の数を許容

これまで言及してきませんでしたが、リカレントニューラルネットワークのパラメーター（重みと閾値）として、正の数の条件を課してきました。**例題8**のソルバーを用いる箇所で、「制約のない変数を非負数にする」に✓を入れたのはこのためです。

3章　ExcelでわかるRNN

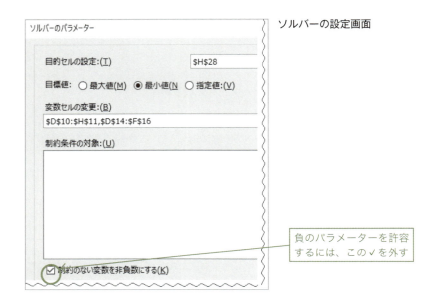

ソルバーの設定画面

　パラメーターに非負の条件を課したのは、コンテキストノードの重みの大小を調べたいためです。負の世界を混ぜると、重みが「重い・軽い」の判断はできません。日常的な概念として「重み」に負はないからです。

　ところで、このように条件を課したため、例題8のソルバーの実行結果で、目的関数の値が1.40となってしまいました。8個の言葉データからすると、小さい値とはいえません。

注　目的関数の値が1.40でも、この課題Ⅲのすべての言葉に対しては、リカレントニューラルネットワークは正しい予測値を提供しています。

　もし、モデルとデータとの適合性だけを考えるなら、この「非負の条件を課す」ことは不利です。目的関数を最小にするだけなら、Excelのソルバーにおいて、「制約のない変数を非負数にする」の✓を外すべきでしょう。次の例題ではソルバーのこの条件を外した場合の実行結果を示しています。

例題10　例題8において、パラメーターが負になることを許容して、最適化を実行してみましょう。

§3　Excelでわかるリカレントニューラルネットワーク

注　本例題のワークシートは、ダウンロードサイト（→10ページ）のサンプルファイル「3.xlsx」にある「最適化済（負許容）」タブに収められています。

解　ソルバーの設定で、「制約のない変数を非負数にする」の✓を外します。ほかは**例題8**のワークシートを変更する必要はありません。下図にそのソルバーの実行結果を示します。

　この図の中で、目的関数の値が0になっていることに留意してください。パラメーターの世界を拡張し、数値が自由に動ける分、最適化がしやすくなったからです。

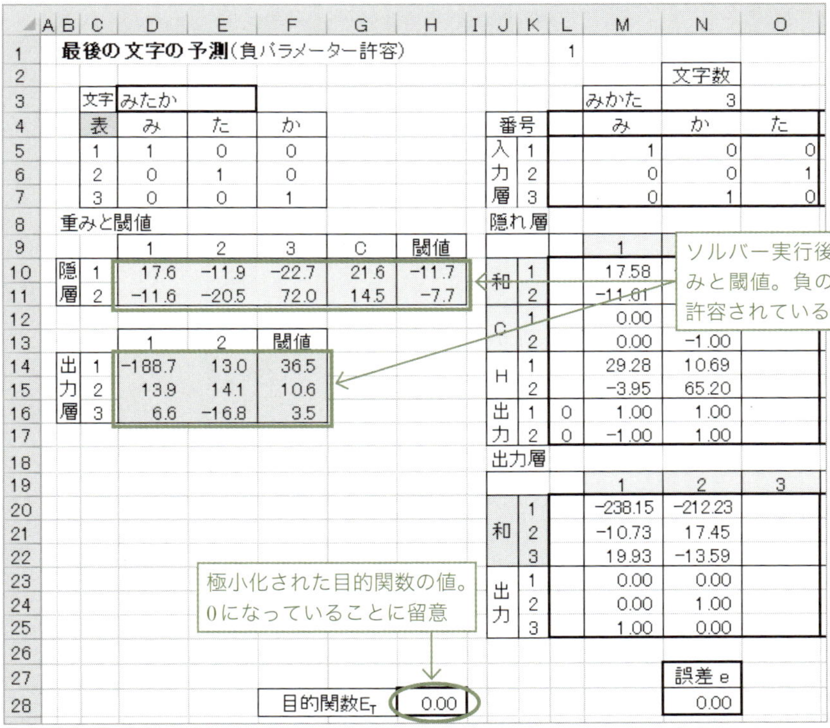

注　隠れ層の活性化関数にはtanh関数を利用しています（▶1章§2）。

　以上が**例題10**の解答です。

　最適化の実行結果をネットワークに示しましょう。負の数を許容すると、一見するだけではニューロン間の関係を議論することはできなくなります。

135

3章　ExcelでわかるRNN

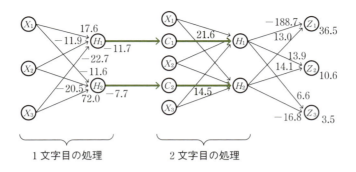

1文字目の処理　　　2文字目の処理

注 矢の先端にあるのが重み、ニューロンの円の右下にあるのが閾値。「2文字目の処理」部分の入力層・隠れ層の重みと閾値は、左端と同じ。

> **MEMO　ソルバーの計算が遅いとき**
>
> Excelソルバーに多少複雑な計算をさせると、数十分の時間を要することがあります。その際にはソルバーの「オプション」を選択し、「制約条件の精度」を修正しましょう。粗い計算になりますが、スピードは向上します。

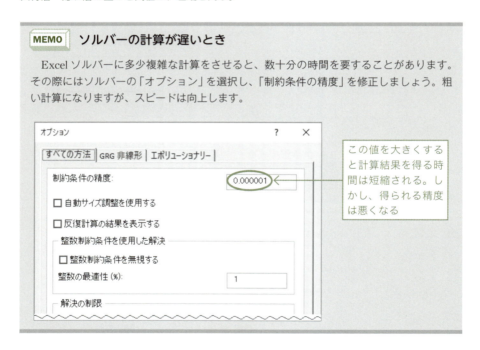

この 例題10 では目的関数の値が0になっているので、課題Ⅲ の要求する文字予測は完全なはずです。実際、例題9 と同様の実験をすれば、正しい答が返ってきます。

最後の文字の予測の確認

「みた」と入力 → みた 文字数 2

文字 みたか

表	み	た	か
1	1	0	0
2	0	1	0
3	0	0	1

番号	み	た
入力層 1	1	0
入力層 2	0	1
入力層 3	0	0

重みと閾値

	1	2	3	C	閾値
隠層 1	17.6	-11.9	-22.7	21.6	-11.7
隠層 2	-11.6	-20.5	72.0	14.5	-7.7

	1	2	閾値
出力層 1	-188.7	13.0	36.5
出力層 2	13.9	14.1	10.6
出力層 3	6.6	-16.8	3.5

学習済みの重みと閾値

隠れ層

		1	2
和	1	17.58	-11.86
	2	-11.61	-20.46
C	1	0.00	1.00
	2	0.00	-1.00
S	1	29.28	21.48
	2	-3.95	-27.30
出力	1	0	1.00	1.00
	2	0	-1.00	-1.00

出力層

		1	2
和	1	-238.15	-238.16
	2	-10.73	-10.74
	3	19.93	19.94
出力	1	0.00	0.00
	2	0.00	0.00
	3	1.00	1.00

出力層で最大な値は、「か」を検知する3番目のニューロンが実現

「みたか」の3文字目「か」を正しく予測している

予測 **か**

言葉数を多くして確認

課題Ⅲでは、たかだか8個の言葉について、リカレントニューラルネットワークの有効性を確認しました。それでは言葉数が少ないと心配されるかもしれません。そこで、**付録C**では、もう少し言葉数を増やした場合を調べています。その場合でも、ここで用いたリカレントニューラルネットワークの技法の有効性が確認できるでしょう。

参考　「リカレント」は情報のフィードバック

リカレントニューラルネットワークの「**リカレント**」の意味について調べてみましょう。リカレント（recurrent）とは「再発する」「回帰性の」などの意味を表す形容詞です。ここでは、「**出力を再び入力として使う**」という意味から、リカレントと命名されました。

ところで、出力が入力に再投入されるという現象は、自然や社会の中によく見られます。身近な例では、マイクをスピーカーに向けたときに起こる「ハウリング」が有名でしょう。

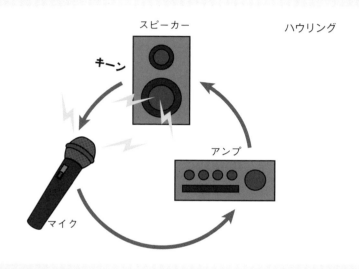

マイクで拾った音は拡大されてスピーカーから出力され、その出力音は再びマイクに拾われて拡大され再度スピーカーから出力されます。この繰り返しが、「キーン」という不快な音を発します。これがハウリングです。

ハウリングの発する高周波音は不快ですが、応用上は役立ちます。低い周波数の波から高い周波数の波を簡単に作成できるからです。

リカレントニューラルネットワークはこの「ハウリング」に似ています。回帰されて入力された情報に新たな情報を載せ、再び出力として発信するというように考えられるからです。ただし、出力されるのは不快音ではなく、役立つ情報です。上手に重みと閾値で制御することで、以前の記憶を復活してくれるのです。

4章

Excelでわかる Q学習

DQN (Deep Q-Network) は**Q学習**とニューラルネットワークとの合体です。そこで、Q学習を知らないとDQNを理解できません。本章は、そのQ学習の基本知識を提供します。

§1 Q学習の考え方

DQN（Deep Q-Network）のQは「**Q学習**」のQです。Q学習とは「**強化学習**」に含まれる機械学習の手法です。本書のテーマであるDQNの解説の準備として、本章はこのQ学習について調べましょう。アリの行動を具体例として用いながら、Q学習の考え方を調べます。

▶強化学習

AIを実現する手法の1つに**強化学習**があります。この強化学習の考え方を理解するために、例として「自転車乗りの学習」を考えてみます。

自転車の乗り方を覚えるとき、マニュアルで理解しようとする人はいないでしょう。実地訓練によって能力を習得していくはずです。自分の「行動」から「状態」を把握し、長く上手に乗れたなら嬉しいという「報酬」を得ます。これを繰り返すことで、自転車に乗れるようになります。

強化学習は、これと同じ学習法をコンピューターに実現させるものです。行動と報酬を組み合わせて機械自らが学んでいくのです。

この強化学習には様々な方法が考え出されています。先に述べたように、その中で最も古典的で有名なのが**Q学習**です。古典的といっても、現在、様々なAI学習の基本として各方面で利用され、その有効性が確かめられています。

▶ Q学習をアリから理解

　Q学習は大変理解しやすい学習モデルです。本節では「アリが最短経路を探す」という具体例で、それを調べます。このしくみがわかれば一般化は容易です。

注 実際のアリの動きは複雑です。以下の議論はアリの動きを簡略化しモデル化したものと理解してください。

　いま、餌を探しに巣から出たアリがたまたま巨大なケーキに行きついたとしましょう。このとき、アリはケーキを運ぶために、何回も巣を往復することになります（アリは1匹だけとします）。往復の中でアリは最短のルートを発見していきますが、このアリの立場で考えてみましょう。

　最初に留意すべき点は、アリは歩きながら「道しるべフェロモン」と呼ばれる匂いを道に付けるということです。アリが迷わないのはこのためです。

アリは歩いた所に「道しるべフェロモン」と呼ばれる匂いを残す。

　最初に来た道の匂いに従って往復すれば、アリはケーキを巣に運べます。しかし、アリも楽をしたいのは当然です。より短いルートを探したくなるはずです。最初のルートが最短ということは通常ありません。そこでアリは最初のルートから少し外れた冒険ルートを探そうとします。この冒険心のおかげで、往復を繰り返すうちに、最短ルートの近くで「道しるべフェロモン」の匂いは次第に濃くなります。結果として、強い匂いの方向に進めば、アリは最短ルートをたどることになります。

巣とケーキを往復するうちに、アリの付けた匂いが最短ルートで最強になる。

このように、「冒険心を持ちながら強い匂いの方向に進み、進みながら匂いを濃く書き換えていく」と仮定すると、往復を繰り返すうちに、アリは匂いの情報から最短ルートを歩くようになります。このアリの最短ルート探索のしくみを理想化したのが**Q学習**です。

▶詳しく調べよう

アリの動きをさらに限定し単純化しましょう。いま、正方形の壁の中に、下図のように仕切られた9個の部屋があるとします。部屋と部屋の仕切りには穴があり、アリは自由に出入りできるとします（壁の外には出られません）。そして、各部屋には次の図のように名前が決められているとします。

i行j列にある部屋を「部屋(i, j)」と表現する。

巣は左上隅の部屋(1, 1)にあり、目標となるケーキは右下の部屋(3, 3)にあります。

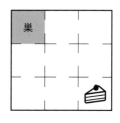

巣は左上隅の部屋(1, 1)に、目標地点の部屋は部屋(3, 3)とする。

ここで多少問題を複雑にします。巣の部屋と目的の部屋以外にも、アリの好物のクッキーの小片も落ちているとしましょう。ケーキ同様、このクッキーもアリの大好物で、特有の匂いを発しているとします。しかしケーキほどの強い匂いはないとします。そうでないと、目標が定まらないからです。

§1 Q学習の考え方

注 これから述べる「道しるベフェロモン」と同様、これらの匂いは部屋の外には漏れません。

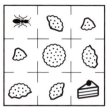

アリが目的地の部屋に行く途中の部屋にクッキーの小片が落ちている。このクッキーもアリの好物。しかしケーキほどではないと仮定。

▶「匂いの強い方向へ」がアリの基本行動

アリは歩いた所に「道しるベフェロモン」と呼ばれる匂いを残しますが、その場所は各部屋の出口とします。ここで、「部屋の出口」とは下図のように出口の手前とします。さらに、その匂いは部屋の外には漏れないとします。

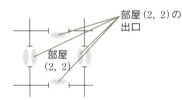

部屋(2, 2)の「出口」の意味。この例の場合、4か所の出口がある。フェロモンの匂いは隣の部屋に漏れないとする。

アリはこの「道しるベフェロモン」の匂いの強さを目安にして、これから進む先の部屋を決定します。匂いの強い方向に誘われて進むことを原則とするのです。

アリは道しるベフェロモンの匂いの強い方向に進むと仮定（大中小は匂いの強さ）。

具体例を見てみましょう。次の左図のように、部屋の出口に匂いが付けられていたと仮定してみます。すると、その右図のように、匂いの強い方向をたどってアリは進むことになります。

4章　ExcelでわかるQ学習

アリの基本行動パターンは匂いの強い出口から隣の部屋に行く。数字は匂いの強さ。

ε-greedy法でアリの冒険心を表現

　フェロモンの匂いの強さだけを頼り行動すると、アリは永遠に目的地にたどり着けないことがあります。例えば、次の図を考えてみましょう。左図のように匂いが付けられていると、その右図のようにアリは無限ループの罠にはまってしまいます。

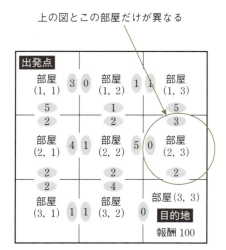

上の図とこの部屋だけが異なる

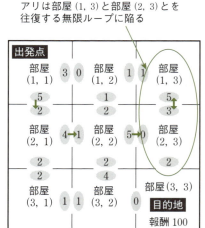

アリは部屋(1, 3)と部屋(2, 3)とを往復する無限ループに陥る

144

§1 Q学習の考え方

　この例が示すように、単純にフェロモンの匂いの大小だけに誘われて進むと、アリは無限の地獄に陥ることがあるのです。そこで、これを回避し目的地にたどり着けるようにするには、匂い情報だけに頼るのではなく、新航路を探す冒険心が必要になります。この冒険心を取り入れる方法で有名なのが**ε－greedy法**です。

　ε－greedy法でも、アリは部屋の出口に塗られた匂いの一番強い方向に進むのを基本とします。それはこれまでの説明と同じです。これまでと違う点は、ときには冒険的になり、匂いの強さにかかわらず別の方向の部屋に進むことも許すことです。

ε－greedy法では、アリは気まぐれに進むことも許される。左図は、冒険的に匂いの「小」方向に進んでいる。

　この気まぐれを取り入れれば、無限ループから脱出できるチャンスが生まれます。この冒険的の確率をε（イプシロン）で表します。確率εの割合で、勝手な行動を許すわけです（$0<\varepsilon<1$）。

　Q学習では、匂いだけに頼って行動することを**exploit**（利用し尽くす）、探究心を持って冒険的な行動をとることを**explore**（探検する）と英語で表現しています。

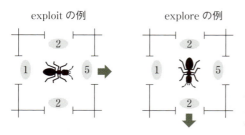

部屋(2, 2)に図のように匂いが付けられているとする。この場合、左の図がexploit、右の図がexploreの行動例。

　ちなみに、exploit的な行動を**グリーディ**（greedy（欲張りな））と表現します。

4章　ExcelでわかるQ学習

▶出口情報の更新

アリは部屋を出るとき、その部屋の出口の道しるべフェロモンの匂いの強さを更新する必要があります。匂い情報を更新して、再訪のときに最短の道を探しやすくするためです。

注　以下、道しるべフェロモンの匂いを「匂い」と略します。

再訪時のために匂い情報を更新　　アリのミッションのひとつは部屋の出口の匂い情報の更新。

では、どのように更新すべきでしょうか。いま、アリが「元の部屋」Xから「次の部屋」Yに進んだとします。このとき、「次の部屋」Yに通じる出口に残すべき情報は、「次の部屋」Yに進んだときに得られる魅力度（すなわち、アリを誘惑する匂いの強さ）です。部屋Xを再訪したとき、部屋Yについての的確な判断情報が得られるからです。こうすることで、部屋Xで次にどの部屋に進んでよいか判断を迫られたとき、Yに通じる出口情報を見るだけで、アリは部屋Yに行く魅力度がわかるわけです。

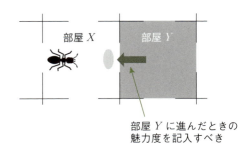

部屋Yに進んだときの魅力度を記入すべき

部屋Xから部屋Yに進むとき、部屋Xの出口に残すべき情報は部屋Yの魅力度（すなわち匂いの強さ）。

もっと具体的に調べてみましょう。

アリのいた「元の部屋」Xの出口の匂いの強さをxとします。このxは「元の部屋」の出口に記される情報です（次図）。また、これから進む「次の部屋」Yの出口の匂い強さをa、b、c、dとします（「次の部屋」Yに4つの出口があるとします。

4出口がない場合は適当に略してください)。

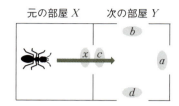

匂いの強さx、a、b、c、dの位置関係。これらは部屋の出入口の足元に書かれている。

アリの気持ちになれば、これから進む「次の部屋」に行く魅力度は匂いの強さa、b、c、dの最大値で決まるはずです。魅力度を表す匂いの大小で行動するのが基本だからです。最大値(maximum)を表す記号maxを用いると、次のように表現できます。

「次の部屋」に行く魅力度 $= \max(a, b, c, d)$

ところで、この魅力度(すなわち匂い)を鵜呑みにするのは危険です。例えば、「道しるべフェロモン」の匂いは時間とともに揮発し、減衰してしまうかもしれません。後から来るときには変化している可能性があるのです。そこで、情報としては割り引いた値を残さなければならないでしょう。その**割引率**をγとすると、「次の部屋」に行く魅力度は、現実には次の値になるはずです。

「次の部屋」に行く魅力度 $= \gamma \max(a, b, c, d)$ $(0 < \gamma < 1)$ … 1

注 γはギリシャ文字で「ガンマ」と読みます。

さて、これから進む部屋にはアリの好きなクッキーが置かれていることもあります。このクッキーの匂いも魅力度に貢献します。そのクッキーの魅力度をrとすると、「次の部屋」に行く魅力度は次の式になります。

「次の部屋」に行く魅力度 $= r + \gamma \max(a, b, c, d)$ … 2

ここで、クッキーに関するrは報酬rewardの頭文字です。

注 γ(ガンマ)とr(ローマ字のアール)は区別しにくいのですが、多くの文献で採用されているので、本書でも通例に従います。

この式2が、一般的に次の部屋を選ぶ際の魅力度（すなわち、アリを誘惑する匂いの強さ）になります。

特に、割引率γが0ならば、目先のクッキーだけがその部屋の魅力度になります。

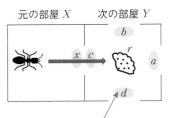

式2はこれから進む部屋Yの魅力度

次の部屋の魅力度 $r + \gamma \max(a, b, c, d)$

例1 部屋(2, 2)の4つの出口には、順に5、2、1、2という匂いの強さが付けられているとします（下図）。また、クッキーの小片が4という強さの魅力度を持つとします。部屋(2, 1)にいるアリが部屋(2, 2)を選ぶとき、アリにとってその行動（すなわち選択）の魅力度は次のようになります。

「次の部屋」に行く魅力度 $= 4 + \gamma \times \max(5, 2, 1, 2) = 4 + 5\gamma$

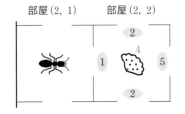

部屋(2, 2)の魅力度
$= 4 + 5\gamma$

クッキーがあるときの「次の部屋」の魅力度の例。

上記のクッキーは目先の魅力度なので**即時報酬**（immediate reward）と呼ばれます。アリはこの即時報酬だけに目を奪われていては、ケーキの部屋に到着できません。素敵なクッキーがあるからといって、そこに目を奪われては目的を達せられないのです。

▶学習率

アリにとって行動の魅力度は匂いです。これまで「魅力度」と表現したことは、再び「匂い」と置き換えます。すなわち、上の式 2 は次のように表現されます。

「次の部屋」の匂いの強さ $= r + \gamma \max(a, b, c, d)$ … 3

注 本書では、この式 3 の値を「期待報酬」と呼びます。その部屋に入ると手に入るであろうと思われる魅力度だからです。

ところで、この式 3 の「匂いの強さ」を「元の部屋」の出口情報 x の更新情報として採用してよいでしょうか。答は No です。「次の部屋」Y に正しい匂い情報が記録されている保証はないからです。何度も往復して、アリの学習が完了していなければ、この式 3 の値を 100% 信じられません。元の情報 x とすぐに置き換えるのは危険なのです。

そこで、学習の進み具合として**学習率** α を導入しましょう($0 < \alpha < 1$)。そして、以前の情報 x と、新たに求めた値 3 とを次のように混ぜ合わせて更新値 x とします。

$x \leftarrow (1-\alpha)x + \alpha\{r + \gamma \max(a, b, c, d)\}$ … 4

ここで、左辺の x が更新値、右辺の x は更新前の値です。

注 α はモデル設計者が与えます。

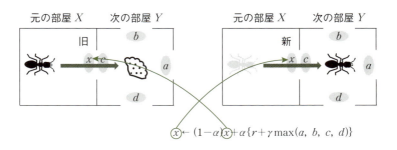

式 4 は数学では「内分の公式」として有名です。図で表すと、次のようになります。

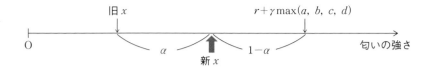

この図が示すように、元の部屋の旧情報xと、これから進む次の部屋の新情報$r+\gamma\max(a, b, c, d)$を、式4は秤にかけているのです。

例2 先の**例1**において、部屋(2, 2)に通じる部屋(2, 1)の出口には匂いの強さが3と記されているとしましょう。このとき、アリが隣の部屋(2, 2)に進むとき、元の部屋(2, 1)の匂いの強さ3は、式4から次のように更新されます。

更新後の値 $= (1-\alpha)\times 3 + \alpha(4+5\gamma)$ … 5

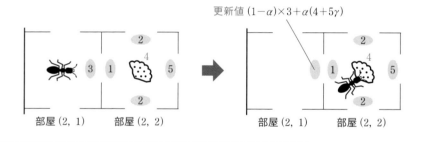

この**例2**において、更新された値5は再訪したときに観測できる値です。その意味で**遅延報酬**と呼びます。この遅延報酬を計算することがQ学習の目的となります。

ところで、多くの文献では式4は次のように表現されています。

$x \leftarrow x + \alpha\{r+\gamma\max(a, b, c, d)-x\}$

単に式4を展開し整理しただけの式ですが、学習の進み具合が見やすい形をしています。{ }内の式の値が更新前後の違いとなっているからです。これが小さければ、学習が進んでいることを表しています。

§1 Q学習の考え方

▶アリの行動のまとめ

これまで調べてきたように、アリは次の行動規約に従うことで、巣と目的地の最短ルートを効率よく探すことができます。

《ⅰ》匂いの強い方向へ進むのを原則とする

《ⅱ》冒険心を持つ

《ⅲ》式 $\boxed{4}$ で、いま出た部屋の出口情報を更新する

実際、一度目標に達すれば、目標のケーキの匂いは《ⅲ》から効率よく部屋伝いに出発点の巣まで伝わります。目的地で嗅いだケーキの匂いは着実に巣まで届けられるのです。

《ⅱ》から、たとえアリが迷宮にはまっても、そこから脱することができます。迷子になる心配がなくなるのです。また、新たな効率の良い経路が発見できます。

そして、最も基本となる規約なのですが、《ⅰ》によって、部屋の出入り口に記された学習結果をたどることで、アリは最短で目的地に到着できるようになります。

以上のアリの最短ルート探索のしくみを理想化したのが**Q学習**なのです。アリに「何をすべきか」をご褒美のケーキ（すなわち報酬）という形で指示しておけば、アリは自動的に目的を達する（最短ルートを探す）ことができます。

§2 Q学習を式で表現

前節（▶§1）では、仮想的なアリの行動を通して、Q学習の意味を調べました。本節では、この「アリ」の動きを式で追ってみることにしましょう。式で表現することで、一般化が容易になるからです。

注 数式をうっとうしく思われる読者は本節を軽く流すだけで大丈夫です。次節で、Excelが視覚的に説明してくれます。

▶§1で取り上げた問題を次のように課題としてまとめましょう。

> **課題Ⅳ** 正方形の壁の中に仕切られた9個の部屋が右図のようにあります。部屋と部屋の仕切りには穴があり、アリは自由に通り抜けできるとします。左上の部屋に巣があり、右下の部屋に報酬となるケーキがあります。アリが巣からケーキに行く最短経路探索の学習にQ学習を適用しましょう。

▶アリから学ぶQ学習の言葉

まずQ学習で利用される言葉を調べましょう。

これまで見てきたアリを一般的に**エージェント**（Agent）といいます。そして、アリの活躍する壁で区切られた世界を、一般的に**環境**と呼びます。また、アリは1つの部屋から隣のほかの部屋に移りますが、この移る動作を**アクション**（action、**行動**）と呼びます。そして、目的地にあるケーキに与えられた数値を**報酬**（reward）といいます（本節では、報酬を100としています）。

§2 Q学習を式で表現

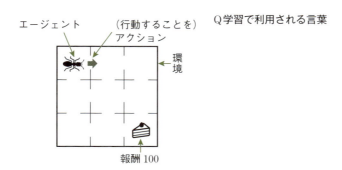

Q学習で利用される言葉

課題IV では、この環境の下で、異なる様子が9個あります。この異なる9つの様子を、一般的に**状態**（state）と呼びます。以下では、次のように状態の名称を定義しましょう。**状態1**はアリが巣にいる状態です。**状態9**はアリが目的地に到着した状態です。

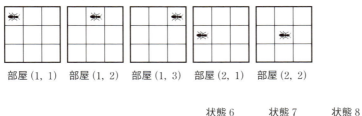

9つの状態と部屋の名称

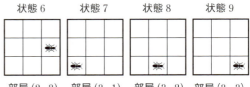

注 ▶ §1同様、i行j列にある部屋を「部屋(i, j)」と呼ぶことにします。

さて、アリは左上の巣のある部屋$(1, 1)$からケーキのある部屋$(3, 3)$を（最短で）探しに行くことになります。その最初の部屋$(1, 1)$にいる状態を最初の**ステップ**（すなわちステップ1番）と呼ぶことにします。そして、部屋を移動するたびにステップの番号を更新することにします。

例1 次の図は、状態1から4つの連続するアクション（右、下、右、下）で最終目標の状態9に達した場合を示しています。状態を変えるたびにステップ番号が更新されます。

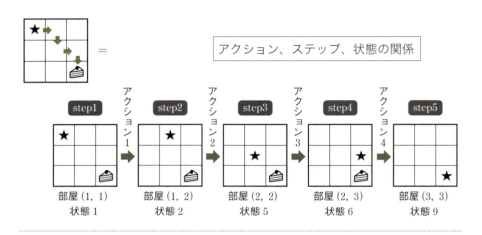

本書ではステップ番号を変数「t」で表すことにします。

注 t は time の頭文字。段階（step）を時系列として捉えています。

この 例1 では、アリは巣の部屋(1, 1)から目標の部屋(3, 3)に4回のアクション（5つのステップ）で到着できています。しかし、ときには決められた回数では到着できないときもあります。このように、到着の成否は別として、学習の一区切りのことを**エピソード**といいます。例1 は1つのエピソードを示しているのです。

▶ Q値は表のイメージ

Q学習を式で表現するときに不可欠な値が **Q値** です。Q値とは状態 s とアクション a によって決められる値です。すなわち、数学的に次のような多変数関数の形をしています。ここで、変数 s は state（状態）、a は action（アクション）の頭文字です。

Q値：$Q(s, a)$

多変数関数のイメージは表（すなわちテーブル）です。このとき、表側が状態、表頭が行動を表します。

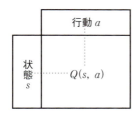

s、aが連続でない（すなわち離散的な）とき、多変数関数は表（すなわちテーブル）として表現できる。

このように、Q値を表（すなわちテーブル）のイメージで理解しておくことは、Q学習の理解に大切です。

▶Q値の意味

さて、Q値とは何でしょうか。課題Ⅳでいうと、それはアリを誘惑する匂いそのものです。▶§1で調べたように、アリは匂いを目安とし、それを求めて進む道を探します。強い匂いの方向に導かれていくのです。これがQ値の本質です。

アリにとって、Q値とは匂いのこと。アリはこの匂いを手掛かりに、道を探し、元の出口の匂いを更新する。

一般的に、Q値は「**行動の価値**」と表現されます。「価値」とは難しい言葉ですが、簡単に言えば、その状態でそのアクションを選択したときに得られると期待される「報酬」のことです。▶§1で調べたアリの言葉でいうと、そのアクションの魅力度（すなわち、匂い）とも表現できます。学習が済んでいる場合、ある状態にいるアリは、原則としてQ値の大きいアクションを選択することになります。

学習が済んでいるとき、アリはQ値の
大きいアクションを選択する。

注 課題Ⅳ では、状態とアリのいる部屋とが一対一で対応しています。したがって、上の図のようにQ値を場所で表現できます。しかし、一般的には、Q値は状態の関数であり、場所の関数ではありません。課題Ⅳ のアリの匂いを一般化する際には注意が肝要です。

▶Q値の表とアリとの対応

Q値は状態sとアクションaによって決められる値ですが、すでに調べたように、表形式（すなわちテーブル）として表現できます。実際、▶§1のアリの例でいうと、Q値は次のような表形式で表現できます。

		アクションa			
		右	上	左	下
状態 s	1	34.00	欄外	欄外	34.30
	2	24.43	欄外	16.95	48.96
	3	欄外	欄外	21.76	51.57
	4	49.00	22.92	欄外	48.85
	5	70.00	23.63	28.52	63.04

課題Ⅳ のQ値を表形式で表現。
数値の算出法については後述。

課題Ⅳ において、この表形式のQ値の意味とアリの行動について調べてみましょう。アリは状態$s = 2$（すなわち「部屋(1, 2)」）にいる場合を考えます。このとき、上記Q値のテーブルの各欄の数値の関係を確認しましょう。

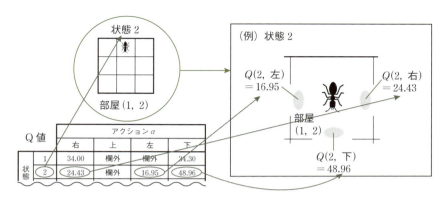

先の表で、アリが部屋(1, 2)にいる状態(状態番号2)のときのQ値。なお、左ページの**注**も参照しましょう。

▶Q学習の数式で用いられる記号の意味

のちの式を理解するために、Q学習で用いる記号の意味を、もう少し詳しく調べましょう。Q学習で混乱を招くのが変数とその添え字の意味です。

ここで、表にしてまとめておきます。

変数名	意味	§1のアリの例
t	ステップ番号を表す変数	ステップ3のとき、$t = 3$
s_t	ステップtにおける状態を表す変数	ステップ3の状態が5のとき、$s_3 = 5$
a_t	ステップtで選択したアクションを表す変数	ステップ3で選択した行動が「右」のとき、$a_3 =$「右」
r_t	ステップtにおいて、その場で受け取る報酬	ステップ3において、その場で受け取る即時報酬が10のとき、$r_3 = 10$

さて、Q値は状態sとアクションaによって$Q(s, a)$と関数記号で表現されます。このアクションaを「上」「下」「左」「右」と漢字表記しても問題はありませんが、煩わしい場合があります。その際には、次のようにコード化します。

アクション	右	上	左	下
コード	1	2	3	4

4章 ExcelでわかるQ学習

例2　$Q(5,\text{上})$は$Q(5, 2)$と表現します。

例3　先の 例1 で調べた様子を、ここで定義した記号を用いて表現しましょう。

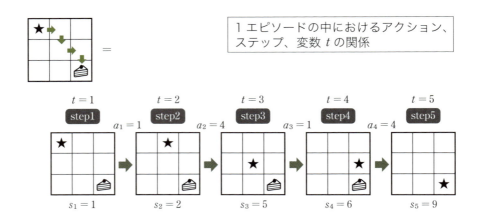

▶アリの動作を記号的にまとめると

　記号の準備が整ったので、Q学習を数式で表現してみましょう。▶§1では「匂い」を用いて説明したアリの動作を、Q値の関係で表現するのです。以下の説明で$Q(s_t, a_t)$のイメージがわかないときには、▶§1で調べたように、アリの進む方向を決定する「匂い」と読み替えてください。

　いま、あるエピソードのステップtで、アリは状態s_tの部屋におり、アクションa_tで新状態s_{t+1}の部屋に移動するとします。このとき、アリのQ学習は次のようにまとめられます。

注　アクションを表す変数a_t、a_{t+1}は「上」「下」「左」「右」の4通りの値をとりますが、部屋によっては一部制限されます。

《ⅰ》　アリは状態s_tの部屋の出口に書かれた$Q(s_t, a_t)$を読み、一番大きい値の方向に進むことを基本とする（これを英語でexploitといいます。いま

は $a_t = 1$（右移動）のときの値 $Q(s_t, 1)$ が最大値であると仮定します。）

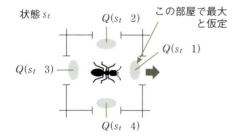

▶ §1で「匂い」と称したものがQ値。アリの行動の基本は一番大きなQ値の方向に進むこと。ここで、最大値は $Q(s_t, 1)$ とする。

《ⅱ》 ある確率で、アリは気ままな方向に進むことも許される（これを英語でexplore（探検）といいます）。

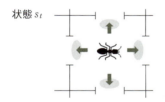

アリは出口に書かれたQの値を無視して、気ままに進むことも許される。

《ⅲ》 次の状態 s_{t+1} に移るとき、$Q(s_t, a_t)$ を次のように書き換える。

（ア） 次の状態 s_{t+1} において、部屋の「出口」の値 $Q(s_{t+1}, a_{t+1})$ の中で最も大きな値 $\left(= \max\limits_{a_{t+1} \in A(s_{t+1})} Q(s_{t+1}, a_{t+1})\right)$ を観測する。その最大値に γ を掛け、割り引いた値をメモに書き留める $(0 < \gamma < 1)$。

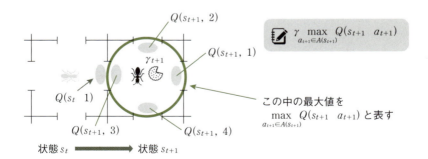

この中の最大値を $\max\limits_{a_{t+1} \in A(s_{t+1})} Q(s_{t+1}, a_{t+1})$ と表す

これから進む部屋の出口に書かれたQ値の最大値が最大の関心事であることに注意しましょう。それを観測し、割引率γを掛けて、メモに書きとめます。この式は▶§1の式 1 に対応します。

（イ） 次の状態s_{t+1}において、そこで受け取る報酬r_{t+1}（即時報酬）を観測し、メモに書き留める。

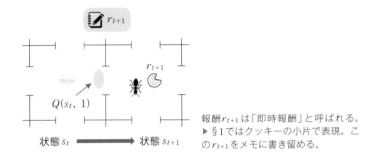

報酬r_{t+1}は「即時報酬」と呼ばれる。
▶§1ではクッキーの小片で表現。このr_{t+1}をメモに書き留める。

注 課題Ⅳ では、s_{t+1}が最終地点でないとき、即時報酬r_{t+1}は0です。

（ウ）（ア）（イ）でメモに書き留めた2つの値の和を求める。

$$r_{t+1} + \gamma \max_{a_{t+1} \in A(s_{t+1})} Q(s_{t+1}, a_{t+1}) \quad (\gamma は「割引率」、0 < \gamma < 1) \cdots \boxed{1}$$

注 この式は§1の式 2 、 3 に対応します。本書では「期待報酬」と呼んでいる値です。その部屋に入ると手に入るであろうと期待される報酬だからです。

（エ） 元の状態s_tでアリのいた部屋の出口に書かれた$Q(s_t, a_t)$と、（ウ）で求めた値を一定の比率（**学習率**α）で混ぜ合わせ、それを新たなQ値とし、元の部屋の出口の更新値とする。

$$Q(s_t, a_t) \leftarrow (1-\alpha)Q(s_t, a_t) + \alpha\left(r_{t+1} + \gamma \max_{a_{t+1} \in A(s_{t+1})} Q(s_{t+1}, a_{t+1})\right) \cdots \boxed{2}$$

注 この式は▶§1の式 4 に対応します。

以上《ⅰ》〜《ⅲ》のようにQ値を書き換えるのが**Q学習**です。

> **MEMO 半教師あり学習**
>
> Q学習は、ニューラルネットワークのように「正解」が与えられているわけではありませんが、「ケーキの匂い」といった形で、「正解らしい」情報（すなわち報酬）が与えられます。そこで、Q学習は**半教師あり学習**と呼ばれる機械学習の形態に分類される場合があります。

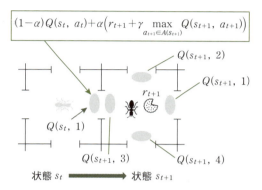

式 2 の各項の意味。この例では、$a_t = 1$（すなわち右移動）と仮定。

なお、計算上は式 2 を変形した次の式が便利です。収束状態が見やすいからです。本書では、この形を**標準の更新式**とします。

$$Q(s_t,\ a_t) \leftarrow Q(s_t,\ a_t) + \alpha\left(r_{t+1} + \gamma \max_{a_{t+1} \in A(s_{t+1})} Q(s_{t+1},\ a_{t+1}) - Q(s_t,\ a_t)\right) \cdots \boxed{3}$$

例4 アリがステップ6で状態4にいるとします。アクション1（すなわち右移動）を選ぶと、ステップ7で状態5に移行します（次ページの図）。すると、$Q(4, 1)$ は式 3 から、次のように新 $Q(4, 1)$ に更新されます。

$$Q(4,\ 1) \leftarrow Q(4,\ 1) + \alpha\left(r_7 + \gamma \max_{a \in A(5)} Q(5,\ a) - Q(4,\ 1)\right) \cdots \boxed{4}$$

注 課題Ⅳ では、この即時報酬 r_7 は0です。また、$\max_{a \in A(5)} Q(5, a)$ は、状態5で選択できる $Q(5, 1)$、$Q(5, 2)$、$Q(5, 3)$、$Q(5, 4)$ の中の最大の値を意味します。

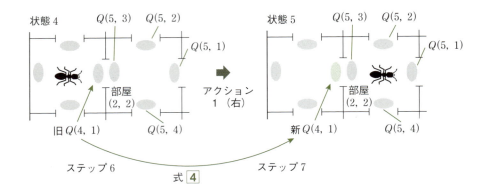

▶割引率γ、学習率αの意味

　割引率γと学習率αの意味を確認しましょう。▶§1でも調べましたが、多少数学的観点を取り入れます。

　最初に割引率γについて調べてみましょう。

　更新式$\boxed{2}$の形からわかるように、Q値は過去に遡った報酬の総和を意味します。ところで、実際のQ学習の場面では環境は確率的に変化することがあります。このとき、過去に勘案したQ値がそのまま有効ではなく、変質する場合も考えられます。▶§1では、「フェロモンの匂いが揮発することもある」と表現しましたが、このように学習したQ値が確率的に変化する場合があるのです。この不確実性を割引率γで表現するわけです。

　さらに数学的には、割引率$γ(0<γ<1)$は報酬値の和が収束することを要請するための条件です。式$\boxed{2}$、$\boxed{3}$からわかるように、Q値は過去に遡った報酬の総和です。何回も学習を繰り返すと値が発散する可能性があります。そこで、その発散を抑えるのが割引率なのです。高校数学の「無限等比級数の公式」(右ページ)を思い出すと、理解がしやすいかもしれません。

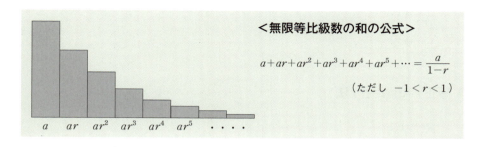

次に学習率 $\alpha(0<\alpha<1)$ について調べてみましょう。ここでも高校数学の公式が役立ちます。式 2 はまさに「**内分の公式**」の形をしています。

＜内分の公式＞

2点 $A(a)$、$B(b)$ を $t:1-t$ の比に内分する点Pの座標 p は次のように表現できまる：$p=(1-t)a+tb$

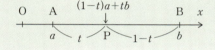

2点 $A(a)$、$B(b)$ を $t:1-t$ の比に内分する点Pの座標 p は $(1-t)a+tb$

この公式からわかるように、学習率 α が大きければ、1回の学習がQ値の更新に大きく寄与することになります。逆に小さければ、1回の学習はQ値にあまり寄与しないことになります。

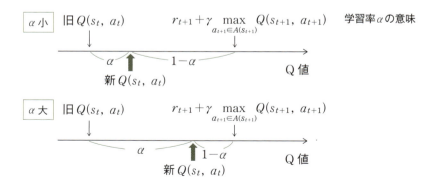

学習率 α の意味

このように、学習率 α は、その名のごとく、どれくらい学習の効率が良いかを示しているのです。

▶修正 ε-greedy 法

ε −greedy 法は、アリがときには冒険心を持ち、匂いの強さにかかわらず別の方向の部屋に進むことも許します（▶本章§1）。この冒険心の度合いが確率 ε（イプシロン）です。

さて、ε −greedy 法では、この ε が固定されています。その ε を目的達成したエピソードの回が増すごとに小さくすると、学習の速さは向上することが知られています。この工夫を取り入れたのが**修正 ε −greedy 法**です。

この考え方は日常の経験にマッチします。何かを学ぶとき、最初はやみくもに努力しますが、学習が進むにつれてコツがわかり、次第に定型的な学習になります。このアイデアを取り入れるのです。

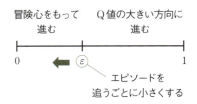

アリの冒険心の割合が ε。目的に到達したエピソードを重ねるごとに、すなわち学習が進むごとに、この ε の値を次第に小さくするのが修正 ε-greedy 法。

通常、Q値の初期値は不明で、学習の初めには適当に値を割り振っておくのが一般的です。そこで、Q学習の最初では、ε を1に設定しておくのが普通です。

学習が進むにつれ、冒険のアクションをする必要が少なくなってきたなら、ε を0近くにします。

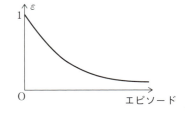

イプシロンの設定。目的に到達したエピソードを重ねるごとに小さくするのが普通。

§2 Q学習を式で表現

▶学習の終了条件

学習が終了したと判断される条件は、Q値が学習によって一定値に収束することです。それは人の学習と同じです。いくら学習を積んでも成績が変わらなくなれば、その学習を打ち切ることになるでしょう。

Q値が収束するということは、Q値が学習によって変わらなくなることです。式 3 でそれを見ると、次のように表現できます。

$$r_{t+1} + \gamma \max_{a_{t+1} \in A(s_{t+1})} Q(s_{t+1}, a_{t+1}) - Q(s_t, a_t) \to 0$$

すなわち、

$$r_{t+1} + \gamma \max_{a_{t+1} \in A(s_{t+1})} Q(s_{t+1}, a_{t+1}) \to Q(s_t, a_t) \cdots \boxed{5}$$

この式 5 は、▶5章で調べるDQNで大切な役割を担います。

さて、学習が終了したと判断された場合、exploreのアクションは不要です。「Q値の大きいアクションを選択する」という原則だけに従えばよいでしょう。exploitのアクション (すなわちグリーディな処理) に徹すればよいわけです。

165

§3 ExcelでわかるQ学習

　前節（▶§1、▶§2）で調べたしくみを利用して、Q学習をExcelのワークシートで実現してみましょう。具体的に話を進めるために、これまで利用してきた次の課題を用います。この課題はQ学習で解くには容易すぎますが、しくみを理解するには最適です。

課題Ⅳ　正方形の壁の中に仕切られた9個の部屋が右図のようにあります。部屋と部屋の仕切りには穴があり、アリは自由に通り抜けできるとします。左上の部屋に巣があり、右下の部屋に報酬となるケーキがあります。アリが巣からケーキに行く最短経路探索の学習にQ学習を適用しましょう。

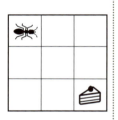

注 本課題のワークシートは、ダウンロードサイト（→10ページ）のサンプルファイル「4.xlsx」の「Q学習」タブに収められています。

▶課題の確認

　報酬について確認しましょう。目的地の部屋に到着したとき、その報酬値は100とします。（多くの文献では最終目標値の報酬を1としていますが、それではワークシートの上で値が見にくくなります。）
　また、題意の示すように、（目的地以外では）即時報酬は0とします。

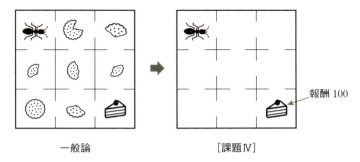

一般論　　　　　　　［課題Ⅳ］

前節（▶§1、▶§2）では即時報酬を考えたが、本節の課題では（目的地を除いて）0。▶§1でいうと、途中にクッキーはないことを意味している。

すると、▶§2の式 3 で調べた更新式は、即時報酬 r_{t+1} が 0（目的地に着いたときを除く）になるので、次のように表せます。

$$Q(s_t, a_t) \leftarrow Q(s_t, a_t) + \alpha\left(\gamma \max_{a_{t+1} \in A(s_{t+1})} Q(s_{t+1}, a_{t+1}) - Q(s_t, a_t)\right)$$
（$t+1$ 番目のステップで目的地に到着しない場合）… 1

$$Q(s_t, a_t) \leftarrow Q(s_t, a_t) + \alpha(r_{t+1} - Q(s_t, a_t)) \quad (\text{ただし、} r_{t+1} = 100)$$
（$t+1$ 番目のステップで目的地に到着する場合）… 2

式 1 、 2 を見て難しそうと感じられても、心配する必要はありません。Excelで実現するときには、▶§1で調べたアリの動きのイメージさえあれば十分だからです。

▶ワークシート作成上の留意点

ワークシートに実装する際の注意点を調べます。

■①アリとケーキの表現

紙面の図ではアリの姿を用いていますが、Excelでそのフォントを利用すると

4章 ExcelでわかるQ学習

行幅が大きくなり、冗長になります。そこで、アリを表現するには「★」を用います。同様の理由で、目的地にあるケーキは「終」と表記します。

■②アクションコード

アクションについては、進行方向を上下左右と漢字表記してもよいのですが、数値化しておくと便利なときもあります。そこで、§2でも利用しましたが、「アクションコード」として、次のように約束しておきます。

移動	右	上	左	下
アクションコード	1	2	3	4

アクションコード
```
      2
      ↑
  3 ← ★ → 1
      ↓
      4
```

注 コードは左回転（数学の正の向き）の順に付けられています。こうすることで、プログラミングが容易になります。

■③状態番号と部屋の名称

前節（▶§1、▶§2）で調べたように、Q学習（一般的には強化学習）では「状態」(state)という言葉が特別な意味で利用されます。本節では下図のようにその状態の番号を定義します。▶§2でも調べましたが、部屋の名称とともに図で確認してください。

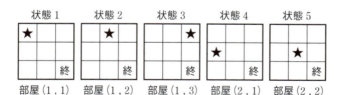

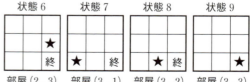

ちなみに、図からわかるように、アリのいる部屋(i, j)と状態番号sとは、次の関係で結ばれています。

　　状態番号 $s = 3(i-1)+j$ … ③

■④最大ステップ数・最大エピソード数

簡単な例なので、1つのエピソード中のステップ数は最大10とします。そして、10回ステップを繰り返して目的地（「ケーキのある部屋(3, 3)」）に到着しない場合は、そのエピソードは無視することにします。

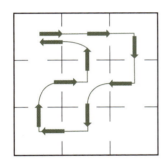

10回のステップを処理しても、目的地にたどり着かない例。このように、10回ステップを実行しても目的地に到着しない場合には、そのエピソードは無視。

また、実験するエピソード数は50回とします。単純な例題なので、50回も学習を繰り返せば、十分学習が進むことが期待されるからです。

■⑤修正ε−greedy法のεの値

本書では修正ε−greedy法を用いることにします（→▶§1、▶§2）。この課題では、εを次のように可変にして処理することにします。

$$\varepsilon = 1 - \frac{到着エピソード数}{50} \cdots ④$$

分母の50は上に述べたエピソード数50のことです。簡単な問題なので、εの設定も簡単にします。

4章 ExcelでわかるQ学習

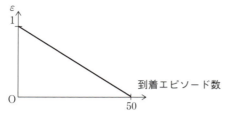

式4のグラフ。最初のエピソードでは、全ステップがexploreのアクションとなる。最後のエピソードでは、ほぼexploitのアクションになる。

■ ⑥割引率と学習率の設定

割引率γは0.7、学習率αは0.5としました。通常、割引率γは0.9以上、学習率αは0.1程度に設定しますが、本課題は単純であり、収束を早くさせたいので、この値を利用します。

ワークシートでQ学習

以上で準備が整いました。実際にワークシートでQ学習を実行させてみましょう。右に1ステップの処理全体を示しました。このワークシートを各ステップ、各エピソードに（解説に従い多少アレンジしながら）コピーすれば、Q学習が実行されます。では、ワークシートに示した例題を追いながら順に処理を調べることにしましょう。

注 これからの説明では、簡略化のためにエージェントをAgent、アクションをActionと英語表記します。

§3 ExcelでわかるQ学習

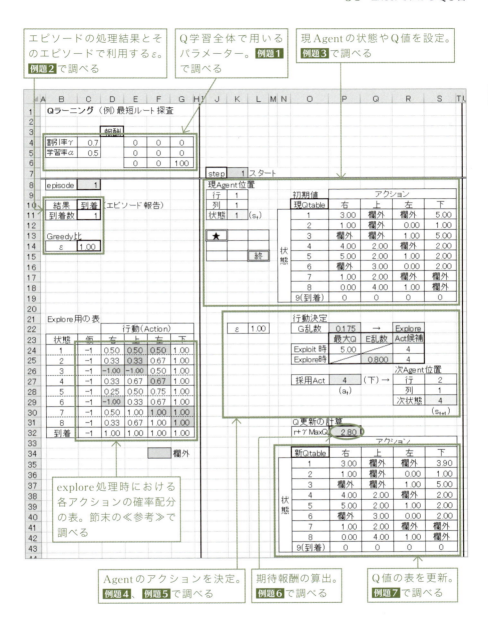

4章　ExcelでわかるQ学習

例題1 Q学習のための全体のパラメーターを設定しましょう。

解 ▶§1、▶§2で調べた「割引率」、「学習率」を設定します。これらの値は設計者が適当に決めます。また、アリが目標の部屋に到着したとき、報酬は100とします。本ワークシートを改変しやすいように、即時報酬を定義できる欄も用意しています。

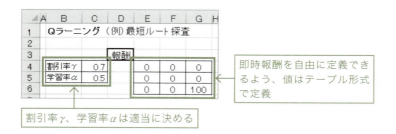

割引率γ、学習率αは適当に決める

即時報酬を自由に定義できるよう、値はテーブル形式で定義

例題2 後で見やすいように、エピソードの処理結果をまとめましょう。また、そのエピソードで利用する修正ε－greedy法のεを決定しましょう。

解 Q学習の大きな単位はエピソードです。ワークシートはエピソード単位で作成します。その際、修正ε－greedy法で利用する確率εの値を定義しておきます（式4）。また、本節では目標に到着するエピソードしか考えませんが、実際には到着しない場合もあります。それを加味して、結果報告欄を用意します。

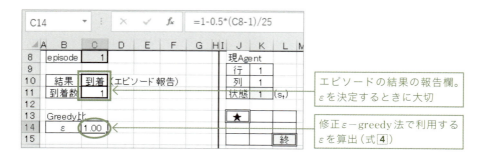

エピソードの結果の報告欄。εを決定するときに大切

修正ε－greedy法で利用するεを算出（式4）

§3 ExcelでわかるQ学習

例題3 該当ステップにおいて、アリ（Agent）の位置とその状態、及び更新前のQ値（「現Q値」と呼びます）の表を設定しましょう。

解 該当ステップのAgentの位置と状態を確認しておきます。

エピソードの最初のステップでは、アリは部屋(1, 1)にいます。また、最初のエピソードの最初のステップでは、Q値をランダムに与えます。

> エピソードの最初のステップでは、Agentは部屋(1, 1)にいる

> 1番目のエピソードの最初のステップでは、ランダムに設定（状態9はすべて0に）

	I	J	K	L	M	N	O	P	Q	R	S	T
7		step	↓	1	スタート							
8		現Agent位置						初期値		アクション		
9		行	1					現Q値	右	↓上	左	下
10		列	1									
11		状態	1	(s_t)			1	3.00	欄外	欄外	5.00	
12							2	1.00	欄外	0.00	1.00	
13	★						3	欄外	欄外	1.00	5.00	
14						状態	4	4.00	2.00	欄外	2.00	
15				終			5	5.00	2.00	1.00	2.00	
16							6	欄外	3.00	0.00	2.00	
17							7	1.00	2.00	欄外	欄外	
18							8	0.00	4.00	1.00	欄外	
19							9(到着)	0	0	0	0	

MEMO 値のコピーにも配列数式が便利

Q学習ではエピソードを重ねるたびに、前のエピソードのQ値の表を次のエピソードのQ値の表にコピーする必要があります。この際に便利なのが**配列数式**の方法です（▶1章§2）。次のページに示すワークシートの数式バーで、関数が中括弧 { } でくくられていることに留意してください。

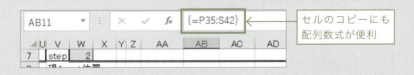

> セルのコピーにも配列数式が便利

173

4章　ExcelでわかるQ学習

　該当エピソードの2番目以降の新ステップでは、前のステップで求められている Agent の位置と状態をセットします。また、前のステップで更新した新Q値の表を、次のステップの現Q値の表にコピーします。

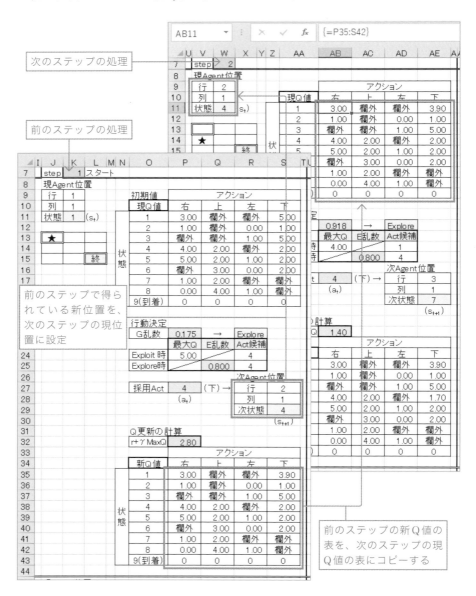

§3 ExcelでわかるQ学習

2番目以降のエピソードの最初のステップの現Q値の表には、前のエピソードの最後のステップで求められている新Q値の表を採用します。

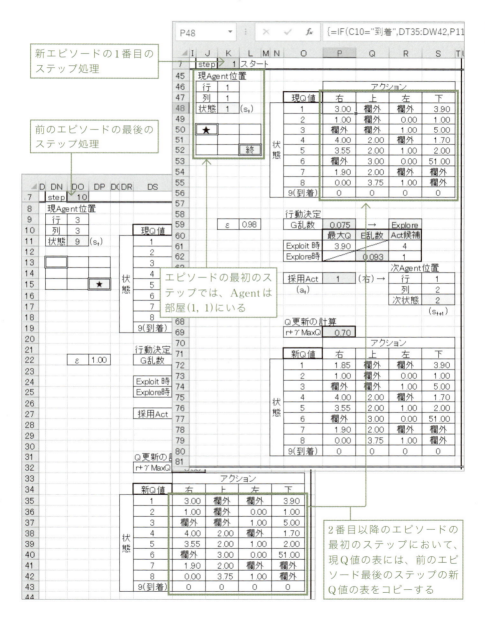

4章　ExcelでわかるQ学習

例題4 採用するアクションがexploitか、exploreかを判断しましょう。また、そのときのアクション（すなわち、上下左右の移動）を求めましょう。

解　ε－greedy法では冒険的な行動（explore）が許されます。その行動をとるか否かは0～1の乱数εで判断します（式 4 ）。

冒険的な行動をとらないとき、すなわちexploitなアクションを採用する際には、現Q値の表の該当Agentの状態で、最大のQ値を持つアクション（上下左右の移動）を採用します。

冒険的な行動（explore）の際には、再度乱数を発生させ、その乱数の大きさに応じて次のアクション（上下左右の移動）を選択します。

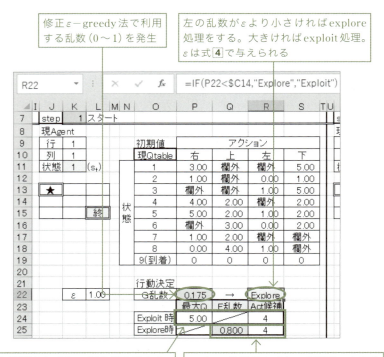

176

例題5 例題4で求めたアクションから、Agentの次の位置と状態を求めましょう。

解 例題4で求められたアクション（上下左右への移動）から、Agentの次の位置が定められます。それを算出しておきます。

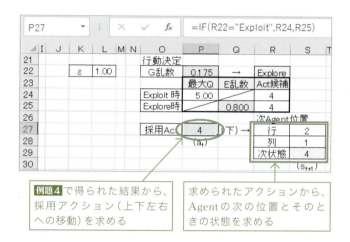

例題4で得られた結果から、採用アクション（上下左右への移動）を求める

求められたアクションから、Agentの次の位置とそのときの状態を求める

例題6 例題5で得られた次の状態において、Agentの得られる期待報酬値を算出します。

解 Agentが進んだ先の状態における最大のQ値を観測し、「期待報酬」の値を算出します。これは次のように定義された値です。

$$r_{t+1} + \gamma \max_{a_{t+1} \in A(s_{t+1})} Q(s_{t+1}, a_{t+1}) \quad (\gamma \text{は「割引率」}、 0 < \gamma < 1) \cdots \blacktriangleright \S 2 式 \boxed{1}$$

なお、いま調べている 課題Ⅳ では、即時報酬の値 r_{t+1} は0です（$t+1$番目のステップで目的地に到着しない場合）。

4章　ExcelでわかるQ学習

step	1 スタート		

現Agent位置

行	1
列	1
状態	1 (s_t)

★

終

初期値	アクション			
現Q値	右	上	左	下
1	3.00	欄外	欄外	5.00
2	1.00	欄外	0.00	1.00
3	欄外	欄外	1.00	5.00
4	4.00	2.00	欄外	2.00
5	5.00	2.00	1.00	2.00
6	欄外	3.00	0.00	2.00
7	1.00	2.00	欄外	欄外
8	0.00	4.00	1.00	欄外
9(到着)	0	0	0	0

（状態）

期待報酬の ▶§2式 1 から その値を算出する

次のステップの状態において最大のQ値を探す

行動決定

ε	1.00

G乱数	0.175	→	Explore
	最大Q	E乱数	Act候補
Exploit時	5.00		4
Explore時		0.800	4

次Agent位置

採用Act	4	(下)→
	(a_t)	

行	2
列	1
次状態	4
	(s_{t+1})

Q更新の計算

r+γMaxQ	2.80

注 期待報酬は、ワークシート上で、「$r+\gamma\mathrm{MaxQ}$」と簡略して表記します。

MEMO　Q学習の終了と Bellman 最適方程式

ε−greedy 法では、冒険度を表す確率 ε が 0 にならない限り、永遠に学習が進むことになります。ところで、いくつかの仮定を導入することで、Q学習で得られるQ値は収束することが知られています。その収束した値は **Bellman 最適方程式**と呼ばれる方程式を満たすことが知られています。

なお、本書で採用している修正 ε−greedy 法では、冒険度を表す確率 ε を可変にし、次第に 0 に近づけています。最終的に 0 にしてしまうと、そこで学習は終了することになります。

学習が収束、または終了したなら、Agent はQ値の大きさだけを頼りに行動すれば、目的が達成されることになります。

例題7 例題6 で得られた期待報酬の値を利用して、更新式1 2からQ値を更新します。

解 例題6 で求めた「期待報酬」から、いま Agent のいる状態の該当Q値を更新します。それには、更新式1 または2 を利用します。

	I	J	K	L	M	N	O	P	Q	R	S	T
7	step		1	スタート								
8	現Agent位置											
9	行		1				初期値		アクション			
10	列		1				現Q値	右	上	左	下	
11	状態	1	(s_t)				1	3.00	欄外	欄外	5.00	
12							2	1.00	欄外	0.00	1.00	
13	★						3	欄外	欄外	1.00	5.00	
14					状態		4	4.00	2.00	欄外	2.00	
15				終			5	5.00	2.00	1.00	2.00	
16							6	欄外	3.00	0.00	2.00	
17							7	1.00	2.00	欄外	欄外	
18							8	0.00	4.00	1.00	欄外	
19							9(到着)	0	0	0	0	
20												
21							行動決定					
22		ε	1.00				G乱数	0.175	→	Explore		
23								最大Q	E乱数	Act候補		
24							Exploit時	5.00		4		
25							Explore時		0.800	4		
26										次Agent位置		
27							採用Act	4	(下)→	行	2	
28								(a_t)		列	1	
29										次状態	4	
30											(s_{t+1})	
31							Q更新の計算					
32							r+γMaxQ	2.80				
33									アクション			
34							新Q値	右	上	左	下	
35							1	3.00	欄外	欄外	3.90	
36							2	1.00	欄外	0.00	1.00	
37							3	欄外	欄外	1.00	5.00	
38					状態		4	4.00	2.00	欄外	2.00	
39							5	5.00	2.00	1.00	2.00	
40							6	欄外	3.00	0.00	2.00	
41							7	1.00	2.00	欄外	欄外	
42							8	0.00	4.00	1.00	欄外	
43							9(到着)	0	0	0	0	

現状態において、採用したアクションに対応するQ値の値を更新する

更新式1 または2 を利用

これでQ学習のワークシートは完成します。以上の1ステップ分を全エピソードの全ステップにコピーすれば、Q学習が実行されます。

4章　ExcelでわかるQ学習

> **例題8** 学習で得られたQ値を利用して、学習したアリがどのように行動するか調べてみましょう。

解 これまでの例題で得られたワークシートを50エピソード分コピーすれば、**課題Ⅳ** のワークシートが完成です。そこで得られた最終のQ値の表を見てみましょう。

	Qtable	\<アクション\> 右	上	左	下
	1	34.00	欄外	欄外	34.30
	2	24.43	欄外	16.95	48.96
	3	欄外	欄外	21.76	51.57
状態	4	49.00	22.92	欄外	48.85
	5	70.00	23.63	28.52	63.04
	6	欄外	13.25	44.69	100.0
	7	69.97	19.19	欄外	欄外
	8	100.00	43.85	36.59	欄外
	9（到着）	0	0	0	0

注 状態9は到着状態で何もしないので、Q値は0にしてあります。

　部屋(1, 1)から出たアリ（すなわちAgent）に、このQ値の表に従って行動してもらいましょう。すなわち、「状態」が与えられたとき、この表の行に書かれた最大Q値に対応するアクションを選びながら行動させるのです。それが下図です。

注 上記Q値について、小数部を四捨五入しているので、一部大小が不明の部屋があります。

　Q学習の甲斐があって、最短ルートで目的地に到着しています。

MEMO **explore のアクションに確率を割り当てる方法**

「explore」の行動を選択すると、アクションを確率的に選択することになります。このとき、迷路や経路の問題では、選択に条件が付けられます。本節の例でいうと、例えばある部屋では右に行けず、またある部屋では下には行けません。このとき、確率をアクションに簡単に割り当てるには、下図のような確率表を用意するとよいでしょう。この表とMTACH関数とを組み合わせることで、explore処理のアクションが選択できます。なお、MTACH関数については▶1章§2を参照してください。

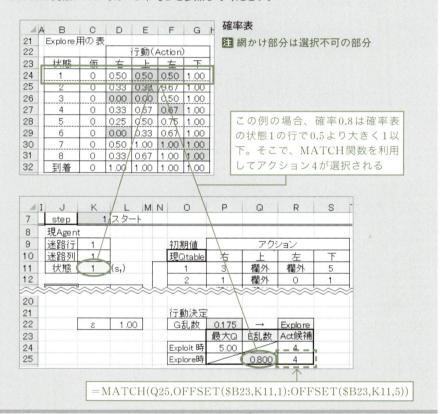

機械学習と強化学習

AI（人工知能）を実現する手法の1つが**機械学習**（マシンラーニング）です。機械といっても、基本的には内蔵されているコンピューターが主役になります。

ところで、機械学習とは何でしょうか。様々な定義が錯綜していますが、現在よく用いられている意味としては、次のように捉えられます。

与えられたデータを学習し、自律的に法則やルールを見つけ出せるコンピュータープログラムのこと

20世紀までのAIでは、あらかじめ人がすべての動作を決めていました。それに対して、機械学習はコンピューターが自ら学習するのです。図で示すと次のように描けます。

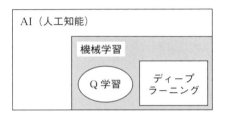

図で、機械学習の中にディープラーニングを入れました。すでに調べているように、ディープラーニングとはニューラルネットワークを多層重ねたもの、すなわち層を深く（deep）にしたものです。本書ではニューラルネットワークという言葉で総称しています。そして、このディープラーニングこそ、周知のように、現在の機械学習の発展に火をつけた立役者です。

ところで、Q学習はどこに位置づけられるのでしょうか。Q学習は、上の図に示すように、機械学習に含まれますが、ディープラーニングとは異なります。そこで、これらを合体しようというアイデアが生まれます。それが次章で調べるDQNです。

5章

5章

Excelでわかる DQN

Q学習で用いられるQ値をニューラルネットワークで表現しようとする技法がDQNです。ニューラルネットワークには複雑な関数や表を整理してくれる性質があり、それをQ学習の結果の表現に応用するのです。

§1 DQNの考え方

　AI（人工知能）を実現する1つの手法が「機械学習」です。その機械学習の代表の一つとして**強化学習**があります。前章（▶4章）で調べた**Q学習**はその強化学習の中で最も有名な学習法です。本章では、このQ学習の世界にニューラルネットワークを応用してみましょう。

注 本書では、ニューラルネットワークという言葉を畳み込みニューラルネットワークなども含めた広い意味で用いています。

▶DQNのしくみ

　ニューラルネットワークは、入力情報から「特徴抽出」を行い、それを整理し、必要な情報を出力するという性質があります（▶2章）。画像データから、「猫」を判別できるのも、ニューラルネットワークの持つ特徴抽出と整理能力のおかげです。この能力をQ学習に活かすのが**DQN**です。DQNは**Deep Q－Network**の略です。

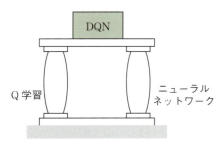

ニューラルネットワークとQ学習を合体させたのがDQN。

　では、どうしてQ学習にニューラルネットワークの助けが必要なのでしょうか？　理由はQ値の複雑さにあります。Q学習の結果のQ値は「状態s」と「アクションa」から構成される表のイメージで理解できます。しかし、実際のQ学習

§1 DQNの考え方

においては、状態sとアクションaの数が膨大であり、表のイメージには収まりきれなくなるのです。

前章（▶4章）の例で考えてみましょう。そこでは、「状態」の数は9個でした。その状態に対するアクションの数もたかだか4種でした。したがって、表でQ値を表現できました。

		アクション a			
		右	上	左	下
	1	34.00	欄外	欄外	34.30
	2	24.43	欄外	16.95	48.96
状態 s	3	欄外	欄外	21.76	51.57
	4	49.00	22.92	欄外	48.85
	5	70.00	23.63	28.52	63.04

▶4章の 課題Ⅳ の結論。テーブル（すなわち表）で表現されている。

もし環境が複雑で「状態」と「アクション」の数が莫大になったときにはどうすればよいでしょう。Q値を表すテーブルは非常に複雑になり、表形式で表現するのは実用的ではなくなります。

このとき役立つのがニューラルネットワークの特徴抽出とそれを整理する能力です。この能力をQ学習と組み合わせれば、複雑なQ値の表現を可能にしてくれます。

MEMO **普遍性定理から DQN を見ると**

前章（▶4章）で調べたように、Q学習ではQ値を「状態s」と「アクションa」の関数$Q(s, a)$として表現します。しかし実用的な場面では、上記のように、状態sとアクションaの数は膨大であり、Q値を表現する関数は複雑です。DQNはその複雑な世界に、ニューラルネットワークを応用しようとする技法です。

ところで、それを可能にする数学的な背景は何でしょうか。それは普遍性定理にあります。▶2章 §6で調べたようにニューラルネットワークは任意の関数を近似できます。複雑なQ関数も近似できるのです。特に状態やアクションの滑らかさを仮定するなら、すなわち異常な状態や突飛な行動がなければ、ニューラルネットワークのニューロン数は節約できます。ロボット制御やゲームのプログラムでDQNが活躍できるのは、このような数学的背景があるのです。

例えば、テレビゲームで考えてみましょう。

キャラクターが活躍するテレビゲームでは、「状態」は目まぐるしく変わり、その中で動くキャラクターの「アクション」は複雑です。ここにQ学習を適用し、ゲームに勝つプログラムを作ると仮定しましょう。状態数やアクションは膨大であり、Q値を関数の式やテーブルで表現するのは実質的に不可能になります。そこでニューラルネットワークの登場です。

ニューラルネットワークは、テレビゲームの複雑な状態・アクションから「特徴抽出」を行い、整理してくれます。Q学習はニューラルネットワークによってコンパクトに表現されることになるのです。

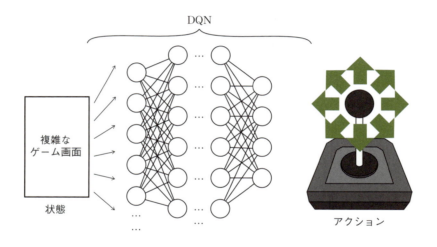

▶アリから学ぶDQN

前章（▶4章）の 課題Ⅳ と同じ内容の次の 課題Ⅴ を用いて、DQNのしくみを調べてみましょう。この例は簡単過ぎて、DQNの「ありがたみ」を味わうことはできません。しかし、しくみを理解するには便利です。

§1 DQNの考え方

> **課題V** 正方形の壁の中に仕切られた9個の部屋が右図のようにあります。部屋と部屋の仕切りには穴があり、アリは自由に通り抜けできるとします。左上の部屋に巣があり、右下の部屋に報酬となるケーキがあります。アリが巣からケーキに行く最短経路探索のQ学習にDQNを適用してみましょう。

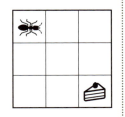

この課題において、アリ（すなわちAgent）の動きとそれに伴うQ値の計算式は、前章（▶4章）で調べたのとまったく同じです。異なる点は、学習結果の記録法です。前章のQ学習では、学習結果がQ値の表に保存されました。DQNでは、学習結果はニューラルネットワークに保存されます。

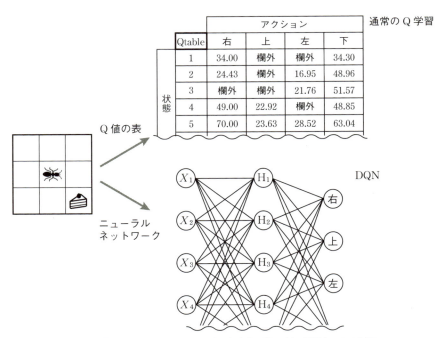

Q値を「表」で表すか、「ニューラルネットワーク」で表すかの違いがQ学習とDQNの違い。

▶DQNの入出力

Q学習の方針はQ値を状態sとアクションaの関数$Q(s, a)$で表現することです。イメージ的にいうと、状態を表側に持ち、アクションを表頭に持つQ値のテーブルを作成することです。さらにもっと具体的にいうと、Q学習の目的は状態sが与えられたときに、採るべきアクションaは何かということを示す表を作成することです。

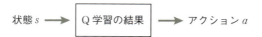

そこで、DQNのためのニューラルネットワークは、「状態」が入力になり、「アクション」が出力となります。

次の図は、この 課題V に対するDQNの一例です。入力は8つの状態、出力は上下左右への移動という4つのアクションが対応します。

注 ▶4章 課題V では9つの状態を調べましたが、目的地に到着した状態9でのアクションはないので、下図では省略しています。

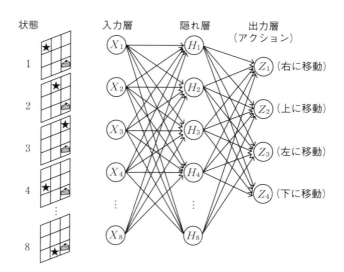

入力層には「状態」が入力されます。状態sがiのとき、入力層ユニットX_iには1が、他のユニットX_jに$(j \neq i)$には0が入ります。

例1 状態1を入力層に入力する際には、X_1に1を、他のユニットX_jに$(j \neq 1)$には0を入力します。

隠れ層については一般的な制限はありません。ここがDQN設計者の腕の見せ所となるわけです。

出力層ではQ値が出力されます。状態sの入力に対して、Q値となる$Q(s, a)$が出力されるのです。

例2 状態sの入力に対するユニットZ_1の出力$= Q(s, 右)$

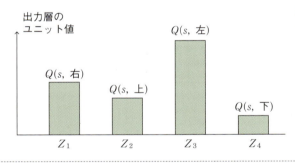

出力層のユニットの出力とアクションとの対応

これまでの章では、出力層ユニットZ_kの出力値はz_kと表記してきました。しかし、上記のことから、本章ではZ_kの出力値としてQ学習の表記をそのまま用いることにします。

具体的にいうと、状態sが入力層に入力されたときの出力層ユニットZ_kの出力値は$Q(s, k)$と表記します。特にニューラルネットワークの出力であることを意識する際には、$Q_N(s, k)$とも表記することにします。

5章　ExcelでわかるDQN

▶DQNの目的関数

　▶2章で調べたように、ニューラルネットワークを決定するには、それを規定するパラメーター（すなわち重みと閾値）を決定しなければなりません。その決定原理は、訓練データにある正解ラベルとニューラルネットワークが出力する予測値との「誤差」の全体を最小にすることです。それはDQNにおいても同じです。そこで、その「誤差」の表現について考えてみましょう。

　最初に、Q値を表す関数$Q(s, a)$の更新式を見てみます（▶4章§2式$\boxed{3}$）。

$$Q(s_t, a_t) \leftarrow Q(s_t, a_t) + a\left(r_{t+1} + \gamma \max_{a_{t+1} \in A(s_{t+1})} Q(s_{t+1}, a_{t+1}) - Q(s_t, a_t)\right) \cdots \boxed{1}$$

式$\boxed{1}$のイメージ　　$a\left(r_{t+1} + \gamma \max_{a_{t+1} \in A(s_{t+1})} Q(s_{t+1}, a_{t+1}) - Q(s_t, a_t)\right)$

更新前
Q値

更新後
Q値

更新前　　　　　　更新後

　この式$\boxed{1}$からQ学習の終了条件は次の式で表されます（▶4章§2式$\boxed{5}$）。

$$r_{t+1} + \gamma \max_{a_{t+1} \in A(s_{t+1})} Q(s_{t+1}, a_{t+1}) - Q(s_t, a_t) \to 0 \cdots \boxed{2}$$

　学習が終了すれば、$Q(s, a)$の更新は不要になり、式$\boxed{1}$の（　）内の式$\boxed{2}$は必然的に0になるからです。このことから、真のQ値と学習途中のQ値との差、すなわち学習済みQ値と現Q値との「誤差の目安」は次の式で表されることがわかります。

$$\text{「誤差の目安」} = r_{t+1} + \gamma \max_{a_{t+1} \in A(s_{t+1})} Q(s_{t+1}, a_{t+1}) - Q(s_t, a_t)$$

　この目安が0に近ければ、Q学習をしっかり行っていることを示すわけです。

§1 DQNの考え方

そこで、この「誤差の目安」を、DQNで用いる最適化のための「誤差」として利用しましょう。すなわち、DQNのニューラルネットワークを決定する際、そこで用いる最適化のための平方誤差eを次のように定義するのです。

$$\text{平方誤差}\, e = \left(r_{t+1} + \gamma \max_{a_{t+1} \in A(s_{t+1})} Q(s_{t+1},\, a_{t+1}) - Q(s_t,\, a_t)\right)^2 \cdots \boxed{3}$$

注 平方誤差については、▶1章§4を参照してください。

そして、Q学習全体におけるこの総和を目的関数Eとすればよいのです。

$$E = \left(r_{t+1} + \gamma \max_{a_{t+1} \in A(s_{t+1})} Q(s_{t+1},\, a_{t+1}) - Q(s_t,\, a_t)\right)^2 \text{の総和} \cdots \boxed{4}$$

このように定義することで、目的関数が容易にニューラルネットワークで表現できるというメリットも有することになります。

この目的関数Eを最小化することで、ニューラルネットワークのパラメーター(すなわち重みと閾値)が決定されます。これがDQNの「最適化」の基本的な仕組みです。

▶最適化ツールとしてソルバー利用

これから先の最適化の計算は、Excelに備えられた標準アドイン「ソルバー」に任せます。式$\boxed{3}$を見ればわかるように、最適化の計算は多少煩雑です。ソルバーを用いればその煩雑さがなくなり、DQNの本質がより明らかになります。

さらに、多少「手抜き」を許していただきます。前章(▶4章)で得た計算結果を借用することにするのです。すなわち、式$\boxed{4}$の中の下記の値(本書で「期待報酬」と呼ぶ値)に、前章ですでに算出されている値を代用します(▶4章§2式$\boxed{1}$)。

$$\text{期待報酬}: r_{t+1} + \gamma \max_{a_{t+1} \in A(s_{t+1})} Q(s_{t+1},\, a_{t+1}) \cdots \boxed{5}$$

算出済みの式$\boxed{5}$を式$\boxed{4}$に当てはめれば、最適化の際に、式$\boxed{4}$の$Q(s_t,\, a_t)$だけをニューラルネットワークで計算すればよくなります。このハイブリッドな方法

5章　ExcelでわかるDQN

でワークシートは大変簡潔になります。

　「手抜き」を利用するのは、ソルバーが1枚のワークシートでしか計算ができないためです。1枚のワークシートにDQNのこれまでの処理を収めようとすると、書籍としての一覧性が失われてしまいます。

　ちなみに、Q値を表現するために利用するニューラルネットワークの出力を、次節のワークシート上では$Q_N(s, a)$と表記することにします。前章（▶4章）のQ値の関数値$Q(s, a)$と区別するためです。

注 Q_Nの添え字NはNeural Netwokの頭文字を意図するものです。

§2 ExcelでわかるDQN

前節（▶§1）で調べたことをExcelで確かめましょう。

DQNはQ学習のQ値をニューラルネットワークで表現する技法です。そのニューラルネットワークのパラメーター（重みと閾値）は、どう決めればよいでしょうか？　その方法を調べることにします。

以下では、前章（▶4章）でも用いた「アリのQ学習」を具体例として話を進めます。先にも述べたように、この「アリ」の例題は簡単過ぎて、DQNの「ありがたみ」を味わうことはできません。しかししくみを理解するには好都合です。

> **課題V**　正方形の壁の中に仕切られた9個の部屋が右図のようにあります。部屋と部屋の仕切りには穴があり、アリは自由に通り抜けできるとします。左上の部屋に巣があり、右下の部屋に報酬となるケーキがあります。アリが巣からケーキに行く最短経路探索のQ学習にDQNを適用してみましょう。

▶課題の確認

具体的な話に入る前に、この **課題V** について▶4章で調べたQ学習を復習します。

まず、状態について考えます。Q学習の結果を記録するQ値は状態s、アクションaを用いて関数$Q(s, a)$と表せますが、この状態sとしては、次の8個を考えます。

状態1　状態2　状態3　状態4　状態5　状態6　状態7　状態8

なお、前章（▶4章）では到着地点に対応する状態9を考えましたが、その状態ではなんのアクションもないので、ここでは略します。

次にアクションについて確認します。アクション a は部屋移動の上下左右の行動が対応しますが、漢字で書くのが煩わしいときには、次のアクションコードを用いることにします（▶4章§3）。

移動	右	上	左	下
アクションコード	1	2	3	4

アクションコード

▶ニューラルネットワークと活性化関数の仮定

ニューラルネットワークとして、▶§1で調べた次の構造を仮定します。

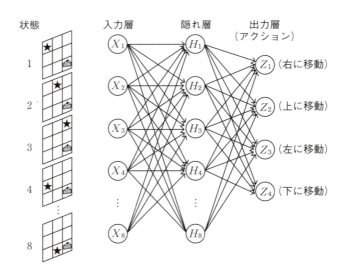

注 隠れ層には1層8個のニューロンを仮定しました。これが最善ということはなく、変更することは可能です。入力層の X_1〜X_8 は対応する状態番号順に並んでいるとします。また、出力層の Z_1, Z_2, Z_3, Z_4 は、アクションコード順に右、上、左、下に反応するニューロンとします。

このニューラルネットワークで用いる活性化関数として、次の関数を用いることにします（▶1章§2、▶2章§2）。

利用する層	関数	特徴
隠れ層	tanh関数：$y = \tanh(x)$	パラメーターに負を許容するときに有効。
出力層	ランプ関数：$y = \max(0,\ x)$	計算が高速。出力は0以上。

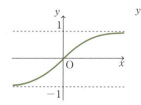
$y = \tanh(x)$のグラフ

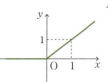
ランプ関数のグラフ

注 活性化関数としてはこの2つに限る必要はありません。

DQNにおいて、これからやるべき作業は上記ニューラルネットワークの重みと閾値を決定することです。例題を追いながら段階を追って調べていくことにしましょう。

▶Q学習の結果のまとめ

本章の課題は前章（▶4章）の課題と同じなので、最初にQ学習の結果を整理しておきましょう。

例題1 前章（▶4章）**課題IV**のQ学習で得られた全エピソードの各ステップについて、処理結果をまとめましょう。

注 ▶4章と同様、目的地に到着しなかったエピソードは略します。本例題のワークシートは、ダウンロードサイト（→10ページ）のサンプルファイル「5.xlsx」にある「DQN（最適化前）」タブに収められています。

解 ▶4章 **課題IV**で調べたQ学習のワークシートから、すべてのエピソードのすべてのステップについて、状態s_t、アクションa_t、そして▶§1式 **5** で示した次の値を抽出します。

5章　ExcelでわかるDQN

$$
r_{t+1} + \gamma \max_{a_{t+1} \in A(s_{t+1})} Q(s_{t+1},\, a_{t+1})
$$

この式の値はワークシートで「$r + \gamma \max Q$」と表現しています。

	A	B	C	D	E	F	G	H
1		DQNの実際　（例）アリの学習						
13						Q学習の結果		
14		通番	episode	step	目的地	状態 s_t	Action a_t	$r + \gamma \max Q$
15		1	1	1	到着	1	4	2.80
16		2	1	2	到着	4	4	1.40
17		3	1	3	到着	7	1	2.80
18		4	1	4	到着	8	2	3.50
19		5	1	5	到着	5	1	2.10
20		6	1	6	到着	6	4	100.00
21		7	1	7	到着	9	1	0.00
22		8	1	8	到着	9	1	0.00
23		9	1	9	到着	9	1	0.00
24		10	1	10	到着	9	4	0.00

▶4章で実行したQ学習の各エピソード・各ステップの処理結果を1行にまとめる

　なお、この図のように、今後は1エピソード分のみを提示します。注記しない限り、他のエピソードについても、基本は同じです。

▶ 入力層のデータのコード化

　例題1 でまとめた状態 s_t を、入力層のニューロンに割り振りやすい形式に変換します。この変換は下表に従って行います。状態 s を該当するニューロン X_s に振り分けるため、状態 s の値 s を2進数的に表示しているのです。

		入力層のニューロン番号							
		1	2	3	4	5	6	7	8
状態	1	1	0	0	0	0	0	0	0
	2	0	1	0	0	0	0	0	0
	3	0	0	1	0	0	0	0	0
	4	0	0	0	1	0	0	0	0
	5	0	0	0	0	1	0	0	0
	6	0	0	0	0	0	1	0	0
	7	0	0	0	0	0	0	1	0
	8	0	0	0	0	0	0	0	1

注 ▶3章で調べたように、独立なデータに1、0からなる単純なベクトルを付与する方法を One hot エンコーディングといいます。

§2 Excelでわかる DQN

それでは、例題として見てみましょう。

例題2 **例題1** でまとめた状態 s_t を入力層のニューロンに割り振れるように、2進数的に表示しましょう。

注 本例題のワークシートは、ダウンロードサイト（→10ページ）のサンプルファイル「5.xlsx」にある「DQN（最適化前）」タブに収められています。

解 先の変換表に従い、状態を入力層のニューロンに振り分けます。アリが動くごとに状態が変遷するので、それを着実に追跡できるようにします。

| I15 | | | f_x | =IF($F15=I$14,1,0) | | | | | | | | | |

状態を2進数的にコードで表現

▲	A B	C	D	F	G	H	I	J	K	L	M	N	O	P	Q
1		DQNの実際		（例）アリの学習											
13					Q学習の結果						入力層				
14	通番	episode	step	状態 s_t	Action a_t	r+γ maxQ	1	2	3	4	5	6	7	8	閾値
15	1	1	1	1	4	2.80	1	0	0	0	0	0	0	0	-1
16	2	1	2	4	4	1.40	0	0	0	1	0	0	0	0	-1
17	3	1	3	7	1	2.80	0	0	0	0	0	0	1	0	-1
18	4	1	4	8	2	3.50	0	0	0	0	0	0	0	1	-1
19	5	1	5	5	1	2.10	0	0	0	0	1	0	0	0	-1
20	6	1	6	6	4	100.00	0	0	0	0	0	1	0	0	-1
21	7	1	7	9	1	0.00	0	0	0	0	0	0	0	0	-1
22	8	1	8	9	1	0.00	0	0	0	0	0	0	0	0	-1
23	9	1	9	9	1	0.00	0	0	0	0	0	0	0	0	-1
24	10	1	10	9	4	0.00	0	0	0	0	0	0	0	0	-1

▶ 重みと閾値の初期値を設定

以上で入力層への入力が準備できました。次に、ニューラルネットワークのパラメーター（重みと閾値）に初期値を設定しましょう。これまで見てきたように、初期値がないと計算が進まないからです。

例題3 先に示した DQN のためのニューラルネットワークに対して、重みと閾値の初期値を設定します。

注 本例題のワークシートは、ダウンロードサイト（→10ページ）のサンプルファイル「5.xlsx」にある「DQN（最適化前）」タブに収められています。

解 ▶2章、3章で調べたように、重みと閾値の初期値を適当に設定します。ニューラルネットワークのときと同様、この初期値によって最適化の計算（すなわちソルバーの実行）が成功するかどうかが決定されます。算出結果が期待通りとは異なるときには、RAND関数等を利用して、色々と変えてみましょう。

隠れ層の重みと閾値（最適化前）

	1	2	3	4	5	6	7	8	閾値
1	0.25	0.17	0.46	0.26	0.88	-0.83	-0.74	0.89	-0.25
2	-0.86	0.75	-0.75	-0.68	0.22	0.95	0.98	0.51	-0.34
3	-0.95	0.04	-0.04	0.63	-0.18	-0.78	-0.29	0.67	-0.49
4	0.79	-0.83	-0.21	0.00	0.79	0.63	-0.99	0.11	0.32
5	-0.52	0.93	-0.54	-0.71	0.05	-0.42	0.20	-0.42	0.36
6	0.28	-0.13	-0.81	-0.93	-0.32	0.59	0.22	-0.60	0.71
7	0.85	-0.02	-0.63	-0.39	0.65	0.80	-0.64	-0.95	0.60
8	0.38	0.87	-1.00	-0.15	-0.34	0.80	-0.86	-0.60	-0.57

出力層の重みと閾値（最適化前）

	1	2	3	4	5	6	7	8	閾値
1	-0.21	-0.42	0.98	-0.86	-0.52	0.20	-0.07	-0.02	0.64
2	0.36	0.44	-1.00	-0.35	-0.45	0.77	0.22	0.80	-0.33
3	0.42	-0.54	-0.21	0.39	-0.49	-0.42	-0.72	0.24	0.44
4	0.94	0.37	0.96	-0.48	0.74	0.40	-0.74	0.07	-0.24

隠れ層と出力層の重みと閾値の初期値を適当に設定

▶隠れ層について「入力の線形和」を求める

隠れ層の「入力の線形和」を求める準備ができました。実際に求めてみましょう。

例題4 例題2、例題3 の結果を用いて、隠れ層について「入力の線形和」を算出しましょう。

注 本例題のワークシートは、ダウンロードサイト（→10ページ）のサンプルファイル「5.xlsx」にある「DQN（最適化前）」タブに収められています。

解 「入力の線形和」の計算法は▶2章§2で調べました。ここで、計算を簡潔にするために、閾値のためのダミーの入力-1を用いています（▶2章§2の式 8 ）。

§2 ExcelでわかるDQN

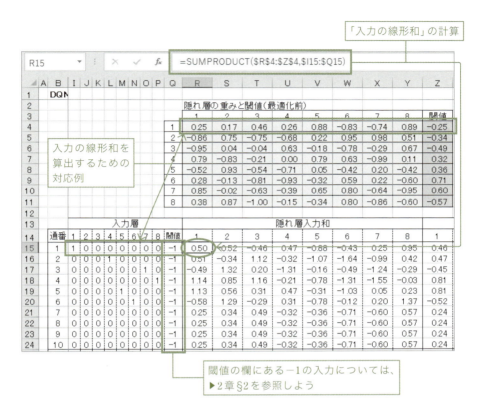

隠れ層の出力を求める

隠れ層の「入力の線形和」の準備ができたので、次に隠れ層の出力を算出します。

例題5 **例題4**の結果を用いて、隠れ層の出力を算出しましょう。活性化関数としてはtanhを利用します。

注 本例題のワークシートは、ダウンロードサイト（→10ページ）のサンプルファイル「5.xlsx」にある「DQN（最適化前）」タブに収められています。

199

5章　ExcelでわかるDQN

解 データの質によって活性化関数を選ぶ必要がありますが、ここでは関数 tanhを利用します（▶2章§2）。負のパラメーターを許容する際、tanhはモデルとデータとの適合度が良いことで知られているからです。なお、tanhの引数として配列数式を利用しています（▶1章§2）。

隠れ層の活性化関数は
tanh関数を利用

| Z15 | | | f_x | {=TANH(R15:Y24)} | | | | | | | | |

	A	B	R	S	T	U	V	W	X	Y	Z	AA	AB	AC
1		DQN												
13						隠れ層入力和							隠れ層出力	
14		通番	1	2	3	4	5	6	7	8	1	2	3	4
15		1	0.50	-0.52	-0.46	0.47	-0.88	-0.43	0.25	0.95	0.46	-0.48	-0.43	0.44
16		2	0.51	-0.34	1.12	-0.32	-1.07	-1.64	-0.99	0.42	0.47	-0.33	0.81	-0.31
17		3	-0.49	1.32	0.20	-1.31	-0.16	-0.49	-1.24	-0.29	-0.45	0.87	0.20	-0.86
18		4	1.14	0.85	1.16	-0.21	-0.78	-1.31	-1.55	-0.03	0.81	0.69	0.82	-0.21
19		5	1.13	0.56	0.31	0.47	-0.31	-1.03	0.05	0.23	0.81	0.51	0.30	0.44
20		6	-0.58	1.29	-0.29	0.31	-0.78	-0.12	0.20	1.37	-0.52	0.86	-0.28	0.30
21		7	0.25	0.34	0.49	-0.32	-0.36	-0.71	-0.60	0.57	0.24	0.33	0.45	-0.31
22		8	0.25	0.34	0.49	-0.32	-0.36	-0.71	-0.60	0.57	0.24	0.33	0.45	-0.31
23		9	0.25	0.34	0.49	-0.32	-0.36	-0.71	-0.60	0.57	0.24	0.33	0.45	-0.31
24		10	0.25	0.34	0.49	-0.32	-0.36	-0.71	-0.60	0.57	0.24	0.33	0.45	-0.31

▶出力層の「入力の線形和」を求める

隠れ層の出力が得られたので、今度は出力層について、「入力の線形和」を求めましょう。

例題6 先の **例題3**、**例題5** の結果を用いて、出力層について「入力の線形和」と、出力層の出力を算出しましょう。また、その出力の中で実際のアクションに対応する値を抽出しましょう。

注 本例題のワークシートは、ダウンロードサイト（→10ページ）のサンプルファイル「5.xlsx」にある「DQN（最適化前）」タブに収められています。

解 **例題4** と同様にして「入力の線形和」を算出します。なお、**例題4** 同様、ここでも計算を簡潔にするために、閾値のためのダミー入力－1を用いています（▶2章§2式**8**）。

§2 Excelでわかる DQN

> **MEMO**
>
> ## ReLU ニューロン
>
> ランプ関数を活性化関数とするニューロンを **ReLU ニューロン**と呼びます。ランプ関数
> 自体も ReLU 関数と呼ばれます。これは Rectified Linear Unit（正規化線形関数と訳され
> ています）の頭文字をとった命名です。近年、その扱いやすさから、人気の高い活性化関
> 数です。

AI15 f_x =SUMPRODUCT($AC$4:$AK$4,$Z15:$AH15)

	A	B	Z	AA	AB	AC	AD	AE	AF	AG	AH	AI	AJ	AK
1		DQN												
2								出力層の重みと閾値（最適化前）						
3			閾値			1	2	3	4	5	6	7	8	閾値
4			−0.25		1	−0.21	−0.42	0.98	−0.86	−0.52	0.20	−0.07	−0.02	0.64
5			−0.34		2	0.36	0.44	−1.00	−0.35	−0.45	0.77	0.22	0.80	−0.33
6			−0.49		3	0.42	−0.54	−0.21	0.39	−0.49	−0.42	−0.72	0.24	0.44
7			0.32		4	0.94	0.37	0.96	−0.48	0.74	0.40	−0.74	0.07	−0.24
8			0.36											

入力の線形和を算出する
ための対応例

入力の線形和の計算

	A	B	Z	AA	AB	AC	AD	AE	AF	AG	AH	AI	AJ	AK
12														
13							隠れ層出力						出力層入力和	
14		通番	1	2	3	4	5	6	7	8	閾値	1	2	3
15		1	0.46	−0.48	−0.43	0.44	−0.71	−0.41	0.24	0.74	−1	−1.08	1.21	0.79
16		2	0.47	−0.33	0.81	−0.31	−0.79	−0.93	−0.76	0.40	−1	0.73	−0.55	1.06
17		3	−0.45	0.87	0.20	−0.86	−0.16	−0.45	−0.85	−0.28	−1	0.08	−0.04	−0.67
18		4	0.81	0.69	0.82	−0.21	−0.65	−0.86	−0.91	−0.03	−1	0.11	−0.42	0.61
19		5	0.81	0.51	0.30	0.44	−0.30	−0.77	0.05	0.23	−1	−1.11	0.12	0.22
20		6	−0.52	0.86	−0.28	0.30	−0.65	−0.12	0.09	0.88	−1	−1.14	1.64	−0.51
21		7	0.24	0.33	0.45	−0.31	−0.35	−0.61	−0.54	0.52	−1	−0.03	0.20	0.21
22		8	0.24	0.33	0.45	−0.31	−0.35	−0.61	−0.54	0.52	−1	−0.03	0.20	0.21
23		9	0.24	0.33	0.45	−0.31	−0.35	−0.61	−0.54	0.52	−1	−0.03	0.20	0.21
24		10	0.24	0.33	0.45	−0.31	−0.35	−0.61	−0.54	0.52	−1	−0.03	0.20	0.21

閾値の欄の−1については、
▶2章§2を参照

　この結果から、出力層の出力を算出します。活性化関数としてランプ関数を利
用しています（▶2章§2）。出力が正の任意の値をとる必要があるからです。

201

5章 Excel でわかる DQN

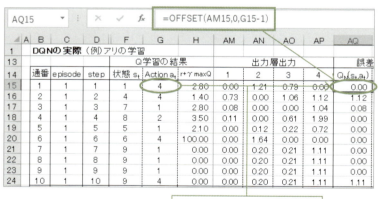

ところで、これら出力層の Z_1、Z_2、Z_3、Z_4 の出力のうち、該当ステップで実行された実際のアクションは 例題1 の「まとめ」に求められています。その実際のアクションに対応する出力がニューラルネットワークの理論値 $Q_N(s, a)$ の値になります。

注 前にも示したように、Q 値を表すためのニューラルネットワークの出力を $Q_N(s, a)$ と表します。

§2 ExcelでわかるDQN

▶ ニューラルネットワークの目的関数を計算

まず、平方誤差を求めます。▶§1の式$\boxed{3}$から、誤差の平方（平方誤差）$e(s_t, a_t)$が次のように得られます。

$$e(s_t, a_t) = \left(r_{t+1} + \gamma \max_{a_{t+1} \in A(s_{t+1})} Q(s_{t+1}, a_{t+1}) - Q_N(s_t, a_t) \right)^2 \cdots \boxed{1}$$

ここで、$Q_N(s, a)$は上記 例題6 で求められています。

この式$\boxed{1}$で表される平方誤差$e(s_t, a_t)$を全エピソード・全アクションについて加え合わせたものが「目的関数」E_Tになります（▶1章§4）。

$$E_T = 上記\boxed{1}の全体和 \cdots \boxed{2}$$

この式$\boxed{2}$を用いて、目的関数をExcelで算出しましょう。

例題7 全エピソードの各ステップについて、平方誤差$e(s_t, a_t)$（すなわち式$\boxed{1}$）を算出しましょう。また、その合計である目的関数$\boxed{2}$も計算しましょう。

注 本例題のワークシートは、ダウンロードサイト（→10ページ）のサンプルファイル「5.xlsx」にある「DQN（最適化前）」タブに収められています。

解 最初に式$\boxed{1}$の平方誤差を求めます。そして、それらを加えた誤差の合計（目的関数）を算出します。

| | AR15 | | | f_x | =IF(AND(E15="到着",F15<9),(H15-AQ15)^2,0) | | | | | | | 式$\boxed{2}$の計算 |

	A	B	C	D	F	H	AM	AN	AO	AP	AQ	AR
1	DQNの実際（例）アリの学習											
11											目的関数 E_T	964461.4
12												
13					Q学習の結果			出力層出力			誤差計算	
14	通番	episode	step	状態 s_t	Action a_t	$r+\gamma$ maxQ	1	2	3	4	$Q_N(s_t,a_t)$	誤差
15	1	1	1	1	4	2.80	0.00	1.21	0.79	0.00	0.00	7.84
16	2	1	2	4	4	1.40	0.73	0.00	1.06	1.12	1.12	0.08
17	3	1	3	7	1	2.80	0.08	0.00	0.00	1.04	0.08	7.37
18	4	1	4	8	2	3.50	0.11	0.00	0.61	1.99	0.00	12.25
19	5	1	5	5	1	2.10	0.00	0.12	0.22	0.72	0.00	4.41
20	6	1	6	6	1	100.00	0.00	1.64	0.00	0.00	0.00	10000.00
21	7	1	7	9	1	0.00	0.00	0.20	0.21	1.11	0.00	0.00
22	8	1	8	9	1	0.00	0.00	0.20	0.21	1.11	0.00	0.00
23	9	1	9	9	1	0.00	0.00	0.20	0.21	1.11	0.00	0.00
24	10	1	10	9	1	0.00	0.00	0.20	0.21	1.11	1.11	0.00

式$\boxed{1}$の計算

203

5章　ExcelでわかるDQN

▶ DQNの最適化

最適化のための準備ができました。目的関数E_Tを最小化し、DQNのためのニューラルネットワークを確定してみましょう。

> **例題8** Excelソルバーを利用して、例題7で得られた目的関数を最小化してみましょう。

注 本例題のワークシートは、ダウンロードサイト（→10ページ）のサンプルファイル「5.xlsx」にある「DQN（最適化済）」タブに収められています。

MEMO　ランプ関数の「ランプ」の意味

ランプ関数はそのグラフが傾斜路（ramp）に似ていることから命名されています。「高井戸ランプ付近で渋滞1km」などと、高速道の道路情報で「ランプ」はよく使われますが、これは立体交差部分が傾斜路になっていることから使われています。

解 Excelソルバーで、下図のようにパラメーターを設定し、実行してみましょう。

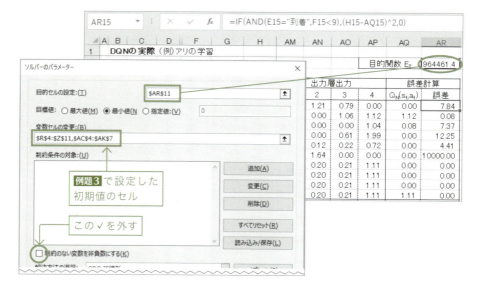

204

§2 Excelでわかる DQN

> **MEMO**　　　　　　　**パラメーターの決め方**
>
> 　ニューラルネットワークでは、モデルのパラメーターを決定するのに「目的関数を最小化する」方法が利用されます。パラメーターの決定には、他に**最尤推定法**と呼ばれる方法も有名です。確率的に最も起こりやすいパラメーターを正しい値とする決定法です。

　こうして、次のように「重み」と「閾値」が得られます。

＜隠れ層＞

	1	2	3	4	5	6	7	8	閾値
1	−0.08	3.96	1.31	1.71	2.08	1.04	−1.48	0.13	−7.60
2	−0.92	0.50	−0.61	−3.88	1.95	1.14	0.19	−2.83	5.49
3	−0.95	3.56	0.83	6.63	1.82	−0.98	8.24	5.11	−25.65
4	0.79	−1.59	−0.51	−12.09	−0.29	0.56	−2.96	−11.16	27.87
5	8.52	32.79	9.46	1.43	−21.56	−19.60	−16.43	−3.57	1.44
6	14.33	5.62	2.39	6.52	6.57	−33.61	20.13	−19.42	−9.73
7	0.88	−2.49	−1.00	−2.31	−2.15	0.82	−0.82	−1.22	8.55
8	1.63	0.45	−0.99	−7.89	−3.54	4.50	−6.63	−0.31	11.27

＜出力層＞

	1	2	3	4	5	6	7	8	閾値
1	4.28	21.74	15.83	−6.72	−21.33	−17.15	−21.47	−8.58	−26.56
2	6.86	−5.37	5.33	−6.28	−3.44	−3.31	−6.03	16.88	−7.52
3	9.22	−7.05	8.10	−6.76	−4.90	−10.49	−9.10	17.93	−9.09
4	16.42	−3.79	16.35	−12.62	−3.21	−30.08	−14.82	18.01	−20.68

　以上で、DQNのためのニューラルネットワークのパラメーター（「重み」と「閾値」）が決定されました。

5章　ExcelでわかるDQN

▶DQNの結果の確認

　決定されたQ学習の結果を表現するニューラルネットワーク（すなわちDQN）
が、Q学習の結果をしっかり表現しているか確認しましょう。

> 例題9　例題8で決定されたニューラルネットワークが算出したQ値を利
> 用して、アリの行動を調べてみましょう。

注 本例題のワークシートは、ダウンロードサイト（→10ページ）のサンプルファイル「5.xlsx」
にある「結果のまとめ」タブに収められています。

解 確定したニューラルネットワークから出力を算出し、その結果を表として提
示しましょう。

　ちなみに、実際の応用では、Q値をこのように表として提示することは不可能
なことがあります。それができるならば、DQNは不要になってしまいます。こ
こでの確認は、あくまで簡単な課題だからできることです。

| AC15 | | | | : | × | ✓ | fx | =SUMPRODUCT($X$4:$AF$4,$T15:$AB15) | | | |

DQNの算出結果

出力層の重みと閾値

	3	4	5	6	7	8	閾値
	15.83	-6.72	-21.33	-17.15	-21.47	-8.58	-26.56
	5.33	-6.28	-3.44	-3.31	-6.03	16.88	-7.52
	8.10	-6.76	-4.90	-10.49	-9.10	17.93	-9.09
	16.35	-12.62	-3.21	-30.08	-14.82	18.01	-20.68

算出した重みと閾値から、
各状態のQ値の表を作成

＜DQNで算出したQ値＞

									入力層				アクション			
状態s_t	1	2	3	4	5	6	7	8	7	8	閾値	右	上	左	下
1	1	0	0	0	0	0	0	0	-1.00	-1.00	-1	23.23	欄外	欄外	33.38
2	0	1	0	0	0	0	0	0	-1.00	-1.00	-1	23.23	欄外	16.00	33.38
3	0	0	1	0	0	0	0	0	-1.00	-1.00	-1	欄外	欄外	16.00	33.38
4	0	0	0	1	0	0	0	0	-1.00	-1.00	-1	44.85	17.25	欄外	36.63
5	0	0	0	0	1	0	0	0	-1.00	-1.00	-1	65.92	20.64	25.79	39.79
6	0	0	0	0	0	1	0	0	-1.00	-1.00	-1	欄外	27.26	46.78	99.96
7	0	0	0	0	0	0	1	0	-1.00	-1.00	-1	65.88	20.64	欄外	欄外
8	0	0	0	0	0	0	0	1	-1.00	-1.00	-1	100.19	27.26	46.78	欄外

206

ニューラルネットワークから算出したQ値の表から、各部屋の出口に、Q値を書き出してみましょう。そして、その最大値に従って、アリを行動（アクション）させてみます。

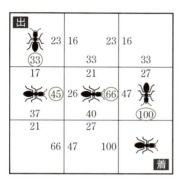

注 数値は小数部を四捨五入しています。

 アリは▶4章で調べたQ学習の結果と同じ行動（▶4章§3の 例題8 ）をとることがわかります。目的関数 2 を用いたニューラルネットワークによるQテーブルの近似が有効であることが確認できるでしょう。

▶適合度を上げるには

 前章（▶4章）のQ学習で得られたQ値の表と、本章のDQNで得られたQテーブルは、学習済みのアリの行動としては同一ですが、いくつかの欄で大きな数値の違いが生まれています。下図で比較してください。

<DQNで算出したQ値>

状態s_t	右	上	左	下
1	20.0	欄外	欄外	33.4
2	23.2	欄外	16.0	33.4
3	欄外	欄外	16.0	33.4
4	44.8	17.2	欄外	36.6
5	65.9	20.6	25.8	39.8
6	欄外	27.3	46.8	100.0
7	65.9	20.6	欄外	欄外
8	100.2	27.3	46.8	欄外

<Q学習で作成したQ値>

状態s_t	右	上	左	下
1	34.0	欄外	欄外	34.3
2	24.4	欄外	16.9	49.0
3	欄外	欄外	21.8	51.6
4	49.0	22.9	欄外	48.9
5	70.0	23.6	28.5	63.0
6	欄外	13.2	44.7	100.0
7	70.0	19.2	欄外	欄外
8	100.0	43.8	36.6	欄外

5章　ExcelでわかるDQN

この理由として、エピソード数が小さいので状態による変化が激しいということが考えられます。

すなわち、Q値の表がまだしっかりと収束していないため、バラツキが大きいためです。バラツキの多い対象に対して、単純なニューラルネットワークは近似が苦手です。

このことは、ソルバーの最適化計算の中でも明らかです。 例題8 の結果で得られた目的関数の値は次のように大きい値です。

> 例題8 の目的関数の値 = 38897.9

そこで、エピソード数を増やし、ε-greedy法の確率ε（▶4章§3）を適当に修正すれば、Q学習で得られるQ値の表と、DQNで得られるQ値の表は一致するようになります。

ちなみに、実用的な問題では、ステップごとの相関性なども適合度の悪さに寄与することがあります。その際には、ステップをバラバラにして最適化計算するなどの技法が必要です。

参考　強化学習とディープラーニングの関係

　Q学習、一般的には強化学習は1980年頃から研究が盛んになってきました。現在話題のディープラーニングよりも先輩です。原理的には、ディープラーニングとは世界が異なります。下図で位置づけを見てみましょう。

AIにおけるQ学習の位置

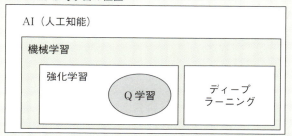

　強化学習にディープラーニングを融合し、さらに力を発揮できるようにしたのは2010年以降です。碁や将棋で有力な棋士を圧倒したのも、この融合がもたらした結果です。それが**深層強化学習**（Deep Reinforcement Learning）です。その代表として本書で調べたDQN（Deep Q−Network）があります。

AIにおけるDQN学習の位置

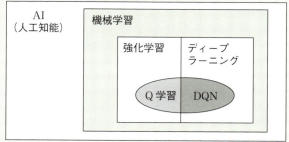

　ディープラーニングは、入力情報から特徴を抽出し整理して、必要な情報を出力するという性質があります。深層強化学習は、このディープラーニングの性質と強化学習を融合し、発展させたものです。

§A 訓練データ

▶2章の例題で用いたニューラルネットのための訓練データを示します。数字「0」と「1」を4×3画素で描いています。画素は0と1の2値です。

注1 本文では網をかけた画素を1、白部分を0としています。

注2 数値化されたデータは、ダウンロードサイト（→10ページ）のサンプルファイル「付録A.xlsx」に収められています。

番号	1	2	3	4	5	6	7	8	9	10	11	12	13	14	15
正解「0」	1		0	0		1	1	0		1	0	1		0	1	1
解「1」		1	1	1	1			1	1		1		1	1		

番号	16	17	18	19	20	21	22	23	24	25	26	27	28	29	30
正解「0」		0	1	1	0	0	1	0	0	1	1	1	1	1	1
解「1」	1	1	0	0	1	1	0	1	1	0	0	0	0	0	0

番号	31	32	33	34	35	36	37	38	39	40	41	42	43	44	45
正解「0」		0	1	1	0	1	1	0	0	1	0	0	1	1	1
解「1」	1	1	0	0	1	0	0	1	1	0	1	1	0	0	0

番号	46	47	48	49	50	51	52	53	54	55
正解「0」	0	0	1	1	0	1	0	1	1	0
解「1」	1	1	0	0	1	0	1	0	0	1

§B ソルバーのインストール法

　本書の計算の強力な助手は、Excelに備わっているアドインのひとつ「ソルバー」です。このアドインによって、高度な数学を用いることなく、畳み込みニューラルネットワークのしくみを数値的に理解できるのです。

　ところで、新しいパソコンの場合、ソルバーがインストールされていない場合があります。それは「データ」タブに「ソルバー」メニューがあるかどうかで確かめられます。

　「ソルバー」のメニューがない場合には、インストール作業をする必要があります。ステップを追って調べてみましょう。

注　Excel2013、2016の場合について調べます。

① 「ファイル」タブの「オプション」メニューをクリックします（右図）。すると、次のボックスが表示されます。

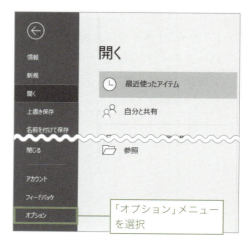

② 「Excelのオプション」ボックスが開かれるので、左枠の中の「アドイン」を選択します。さらに、得られたボックスの中の下にある、「Excelアドイン」を選択し、「設定」ボタンをクリックします。

③ 「アドイン」ボックスが開かれるので、「ソルバーアドイン」にチェックを入れ、「OK」ボタンをクリックします。

④インストール作業が進められます。正しくインストールされたことは②のボックスが次のようになっていることで確かめられます。

「ソルバーアドイン」があることを確認

§C リカレントニューラルネットワークを5文字言葉へ応用

▶3章では、リカレントニューラルネットワークを3文字の単語に応用しました。しくみを知るには簡単なほうがよいからです。しかし、簡単すぎて、そのモデルが本当に正しいかの疑念がわきます。そこで、同じ論理を用いて5文字の単語に適用してみましょう。5文字になると、ずいぶんデータ量は多くなりますが、それでも▶3章の論理がそのまま利用できます。

▶具体例で考える

次の課題を通して、具体的に調べましょう。

課題Ⅵ 次の言葉の「読み」の最後尾の文字がその前の文字列から予測されるリカレントニューラルネットワークを作りましょう。

読み	言葉	読み	言葉	読み	言葉
くはなしに	苦はなしに	はなしはく	話は苦	になし	荷なし
にくはなし	肉はなし	なはしにに	那覇市に	はなし	話
くにはなし	国はなし	くはなし	苦はなし	にくし	憎し
はなしにく	話しにく	にくなし	肉なし	はくな	掃くな
なくしにく	泣く詩に苦	くになし	国なし	はにく	葉肉
になしはく	荷なしは苦	はなしに	話に		
なはにくし	名はにくし	にはなし	荷はなし		
くしにはな	櫛に花	なしはく	ナシは苦		
はなにくし	花にくし	にくはく	肉薄		
なくはなし	泣く話	なはし	那覇市		

注 本課題のワークシートは、ダウンロードサイト（→10ページ）のサンプルファイル「付録C.xlsx」の中に収められています。

214

§C リカレントニューラルネットワークを5文字言葉へ応用

それでは、順を追って調べていきましょう。利用するリカレントニューラルネットワークは次の形を仮定します。

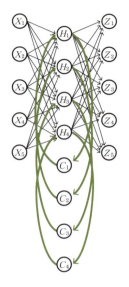

本課題で利用するリカレントニューラルネットワーク。この図の意味については、▶3章を参照してください。

▶ 文字のコード化

最初に利用文字をコード化しましょう。▶3章§3の 課題Ⅲ で調べたように、次のように文字を数字に割り当てます。

$$く = \begin{pmatrix} 1 \\ 0 \\ 0 \\ 0 \\ 0 \end{pmatrix}, は = \begin{pmatrix} 0 \\ 1 \\ 0 \\ 0 \\ 0 \end{pmatrix}, な = \begin{pmatrix} 0 \\ 0 \\ 1 \\ 0 \\ 0 \end{pmatrix}, し = \begin{pmatrix} 0 \\ 0 \\ 0 \\ 1 \\ 0 \end{pmatrix}, に = \begin{pmatrix} 0 \\ 0 \\ 0 \\ 0 \\ 1 \end{pmatrix}$$

以上のように準備し、次のワークシートのように、すべての言葉をこのコードで表現します。次のワークシートは「苦はなしに」という言葉の処理を例にしています。

	A	B	C	D	E	F	G	H	I	J	K	L	M	N	O	P	Q	R	S
1		最後の文字の推定												1					
2			文字	くはなしに											文字列	くはなしに		文字数	5
3			表	く	は	な	し	に					番号		く	は	な	し	に
4			1	1	0	0	0	0						1	1	0	0	0	0
5			2	0	1	0	0	0				入		2	0	1	0	0	0
6			3	0	0	1	0	0				力		3	0	0	1	0	0
7			4	0	0	0	1	0				層		4	0	0	0	1	0
8			5	0	0	0	0	1						5	0	0	0	0	1

利用する文字にコードを割り振る

すべての言葉を文字に分解し、コード化する

▶3章で調べた方法で処理

▶3章§3の 課題Ⅲ で調べたのと同じ論理で、リカレントニューラルネットワークが作成できます（右図）。このように、言葉の予測問題に対しては、何文字になっても（文字数が多過ぎなければ）処理法は変わりません。

MEMO　SEARCH関数

文字処理に便利な関数がSEARCH関数です。与えられた文字列の中で、探したい文字が何番目にあるかを教えてくれます。

　　SEARCH(探したい文字 , 探す対象の文字列)

下図のワークシートは、「くはなしに」という言葉をコード化している部分ですが、図のようにSEARCH関数が利用されています。

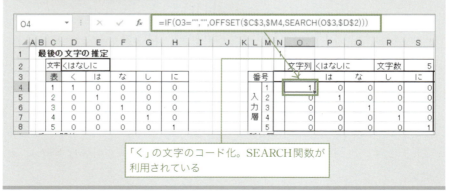

O4　　=IF(O3="","",OFFSET($C$3,$M4,SEARCH(O$3,$D$2)))

「く」の文字のコード化。SEARCH関数が利用されている

§C　リカレントニューラルネットワークを5文字言葉へ応用

最後の文字の予測

表	く	は	な	し	に
1	1	0	0	0	0
2	0	1	0	0	0
3	0	0	1	0	0
4	0	0	0	1	0
5	0	0	0	0	1

重みと閾値

隠れ層		1	2	3	4	5	C	閾値
	1	4.7	1.3	8.8	0.0	3.3	4.1	5.0
	2	0.7	0.4	0.4	0.6	7.2	0.5	7.2
	3	0.6	8.7	0.0	0.0	5.7	0.0	1.7
	4	2.4	4.1	1.7	13.7	0.8	5.0	8.7

出力層		1	2	3	4	閾値
	1	0.0	10.3	7.7	4.2	9.1
	2	1.6	3.5	0.0	1.6	17.6
	3	1.4	0.0	2.1	0.3	5.2
	4	19.5	0.0	0.7	0.0	10.3
	5	3.8	0.8	0.8	14.9	12.8

	文字列	くはなしに		文字数	5

番号		く	は	な	し	に
入力層	1	1	0	0	0	0
	2	0	1	0	0	0
	3	0	0	1	0	0
	4	0	0	0	1	0
	5	0	0	0	0	1

隠れ層

		1	2	3	4	5
和	1	4.70	1.30	8.80	0.00	
	2	0.70	0.40	0.40	0.60	
	3	0.60	8.70	0.00	0.00	
	4	2.40	4.10	1.70	13.70	
C	1	0.00	1.74	0.51	4.05	
	2	0.00	0.00	0.00	0.00	
	3	0.00	0.00	0.00	0.00	
	4	0.00	0.01	0.05	0.00	
S	1	4.70	3.04	9.31	4.05	
	2	0.70	0.40	0.40	0.60	
	3	0.60	8.70	0.00	0.00	
	4	2.40	4.11	1.75	13.70	
出力	1	0	0.43	0.12	0.99	0.28
	2	0				
	3	0	0.25	1.00	0.15	0.15
	4	0	0.00	0.01	0.00	0.99

出力層

		1	2	3	4	5
和	1				5.38	
	2				2.04	
	3				1.01	
	4				5.53	
	5				15.98	
出力	1				0.02	
	2				0.00	
	3				0.01	
	4				0.01	
	5				0.96	

▶3章§3に従って、ワークシートを作成

▶平方誤差を算出し、その総和である目的関数を求める

誤差E	誤差E	誤差E	誤差E
			0.00

E_T	2.98

　こうして作成したワークシートにおいて、目的関数をソルバーで最小化すれば（次ページの図）、最適化されたパラメーターが得られます。

注1 解釈がしやすいように、パラメーターは負にならないように設定しています。

注2 このワークシートは、ダウンロードサイト（→10ページ）のサンプルファイル「付録C. xlsx」にある「最適化前」タブに収められています。

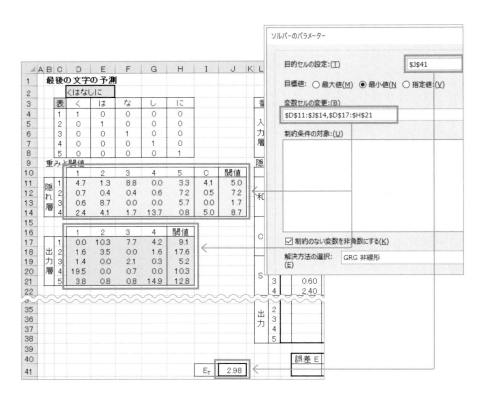

設定が完了したなら、ソルバーを実行してみましょう。下図の結果が得られます。

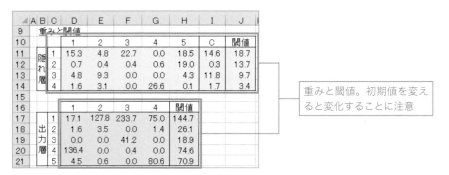

重みと閾値。初期値を変えると変化することに注意

注 このワークシートは、ダウンロードサイト（→10ページ）のサンプルファイル「付録C.xlsx」にある「最適化済」タブに収められています。

§C リカレントニューラルネットワークを5文字言葉へ応用

こうして得られたパラメーターを利用すると、課題Ⅵで与えられたすべての言葉に対して、最後の読みの文字を予測することが可能になります。

下図は、「なくはなし」(泣く話)の最初の4文字「なくはな」を入力すると、最後の文字の「し」が予測されることを示しています。

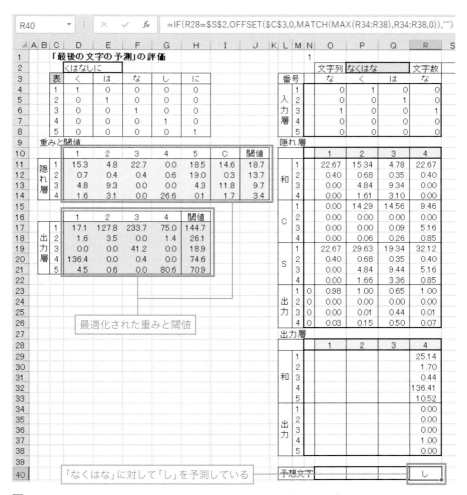

注 このワークシートは、ダウンロードサイト(→10ページ)のサンプルファイル付録C.xlsxの中にある「テスト」タブに収められています。

索引

記号

α 149

γ 147

γ_1 114

γ_j 115

ε-greedy法 144

θ 46,72

θ_j^{H} 74,115

θ_k^{O} 74,115

σ 22,57

英字

a 53,62,72,103,154

action 152,154

Agent 152

AI 12

AIスピーカー 13

a_t 157

Bellman最適方程式 178

C 105

CNN 70

context 105

Convolutional Neural Network
.... 70

Deep Q-Network 140

DQN 12,140

e 33,77,79,119

e_k 80

Elman 120

error 33

E_{T} 29,81,120,203

e^x 51

Excel関数 17

Excelソルバー 25

EXP関数 17,51

exploit 145,165

explore 145,165

Hidden layer 59

H_j 74

h_j 74

IF関数 17

immediate reward 148

INDEX関数 19

Input layer 59

Jordan 120

LSTM 132

MATCH関数 17,19,181

MAX関数 17,147

MMULT関数 17,23,55

node 105

OFFSET関数 17,19

One hotエンコーディング
.... 102,113,196

Output layer 59

Q学習 140,184,209

Q値 17,154

r 147

RAND関数 17,198

Rectified Linear Unit 201

ReLUニューロン 201

reward 147,152

RNN 12,100

r_t 157

s 49,55,62,72,154

SEARCH関数 17,216

s_j^{H} 74,115

s_k^{O} 74,115

s_t 157

state 153,154

state layer 105

step 154

SUM関数 17,49

SUMPRODUCT関数 17,54

SUMXMY2関数 17,82

t 154,157

t_1 78

t_2 78

TANH関数 17,18,53,135,195

threshold 46

time 154

weight 41

w_{ji}^{H} 74,115

w_i 72

w_{kj}^{O} 74,115

x_i 72,74

y 72

Z_1 76

z_1 76

Z_2 76

z_2 76

Z_k 74

z_k 74

ア行

アクション 152

アクション a 184

アクションコード 168,194

アルファ碁 14

閾値 42,68,72,79,96,197

運搬係 59

エージェント 152

エピソード 154

エピソード数 169

エルマン 120

重み 41,68,72,79,96,197

重み付き和 17,41,42

重みベクトル 55

カ行

回帰型ニューラルネットワーク
...................................100

回帰係数 37

回帰直線 30

回帰分析 29,30,78

回帰分析モデル 31

回帰方程式 30

学習 88

学習データ 68,89

学習率 149

学習率 α 162,170

確信度 61

隠れ層 58,73

課題Ⅰ 58,71,83

課題Ⅱ 94

課題Ⅲ 100,112,121

課題Ⅳ 166,152

課題Ⅴ 187,193

課題Ⅵ 214,214

活性化関数
...17,22,50,53,62,72,103,194

環境 152

含有率 65

機械学習 14,182

期待報酬 149,179,191

強化学習 140,182,184,209

カ行

教師あり学習 30,68

行列計算 23

極小値 27

局所解 27

グリーディ 145

訓練データ 68,89,210

形式ニューロン 50

結合荷重 45

結合係数 45

結合負荷 45

検知係 60

行動 152

行動 a 155

行動の価値 155

勾配消失 132

誤差 29,78,119

誤差関数 38

誤差逆伝搬法 77,132

誤差の総和 33,69

誤差の目安 190

コンテキストノード 105

サ行

最小2乗法 34

最小化処理 38

最小値 27

最大値 147

221

索引

最短経路 141	ステップ関数 49	ディープラーニング 12,209
最適化 25,29,69	ステップ数 169	定倍数 22
最適化問題 29,33,38,79	巣の部屋 142	データのコード化 196
細胞体 40	スマートスピーカー 13	出口情報 146
最尤推定法 205	正解変数 78	デジタル信号 43
軸索 40	正解ラベル 68,89,110	出力層 58
シグモイド関数 ... 17,22,51,103	正規化線形関数 201	伝達関数 50
シグモイドニューロン 51,52	積の行列 23	特徴抽出 63
時系列データ 104	切片 37	特徴パターン 60
指数関数 18	説明変数 31	
実測値 32	線形関数 53	ナ行
シナプス 40	線形の単回帰分析 30	内分の公式 163
修正 ε -greedy 法 164	相関図 30	入出力の関係 116
樹状突起 40	即時報酬 148,172	ニューラルネットワーク 71
出力 72	ソルバー	入力信号 41
出力信号 41	 25,36,88,134,136,191	入力層 58,73
出力層 73	ソルバーのインストール 211	入力の線形和
状態 153	損失関数 38	 17,49,62,72,200
状態 s 154,155,184		入力ベクトル 55
状態層 105	タ行	ニューロン 40,53
初期値 17	畳み込み層 70	ニューロンの略式図 51
ジョルダン 120	畳み込みニューラルネット	ネットワーク自らが学習 69
神経細胞 40	ワーク 70	ノード 105
人工知能 12	多変数関数 155	
人工ニューロン 48,50	探検する 145	ハ行
深層 Q 学習 12	遅延報酬 150	パーセプトロンモデル 52
ステップ 154	ディープマインド社 14	ハイパボリックタンジェント

関数 18	メモリー 104
配列数式 20,173	目的関数 17,33,34,80,87,
ハウリング 138	120,190,203
発火 42	目的変数 31
発火の式 49	予測 100
発火の条件 48	予測材料 68,110
発火の判定 46	予測対象 68,89
パラメーター 29,205	予測値 32
パラメーターの名称 115	ランプ関数 17,53,195,204
半教師あり学習 161	リカレント 138
判定係 61	リカレントニューラルネット
汎用関数 17	ワーク 12,100
標準の更新式 161	割引率 147
プーリング層 70	割引率 γ 162,170
普遍性定理..................... 94,185	
文脈 105	
平方誤差	
.... 17,33,34,77,191,203	
平方誤差の式 79	
部屋 (i, j) 153	
変数 t 154	
報酬 152	
マ行～ワ行	
マシンラーニング 182	
道しるべフェロモン 141	
魅力度 146,149	

223

Profile

涌井 良幸 （わくい よしゆき）

1950年、東京都生まれ。東京教育大学（現・筑波大学）数学科を卒業
後、千葉県立高等学校の教職に就く。
教職退職後はライターとして著作活動に専念。

涌井 貞美 （わくい さだみ）

1952年、東京生まれ。東京大学理学系研究科修士課程修了後、富士通、
神奈川県立高等学校教員を経て、サイエンスライターとして独立。

本書へのご意見、ご感想は、技術評論社ホームページ（http://gihyo.jp/）ま
たは以下の宛先へ、書面にてお受けしております。電話でのお問い合わせに
はお答えいたしかねますので、あらかじめご了承ください。

〒162-0846　東京都新宿区市谷左内町21-13
株式会社技術評論社　書籍編集部
『Excelでわかるディープラーニング超入門【RNN・DQN編】』係
FAX：03-3267-2271

● 装丁：小野貴司
● 本文：BUCH⁺

Excelでわかる
ディープラーニング超入門【RNN・DQN編】

2019年5月24日　初版　第1刷発行

著　　者　涌井良幸・涌井貞美
発　行　者　片岡 巌
発　行　所　株式会社技術評論社
　　　　　　東京都新宿区市谷左内町21-13
　　　　　　電話　03-3513-6150販売促進部
　　　　　　　　　03-3267-2270書籍編集部
印刷／製本　昭和情報プロセス株式会社

定価はカバーに表示してあります。

本の一部または全部を著作権の定める範囲を超え、無断で複写、複製、転
載、テープ化、あるいはファイルに落とすことを禁じます。
造本には細心の注意を払っておりますが、万一、乱丁（ページの乱れ）や落丁
（ページの抜け）がございましたら、小社販売促進部までお送りください。
送料小社負担にてお取り替えいたします。

©2019 涌井良幸、涌井貞美
ISBN978-4-297-10516-7 C3055
Printed in Japan